NOTICE

SUR

LA CULTURE DE LA CANNE A SUCRE

ET SUR

LA FABRICATION DU SUCRE

EN LOUISIANE

Par B. DUREAU

INGÉNIEUR, A PARIS

EXTRAIT

du GÉNIE INDUSTRIEL, de MM. ARMENGAUD frères, Ingénieurs

Décembre 1851 — Janvier et Mars 1852

PARIS

CHEZ L'AUTEUR, 43, RUE DE L'ÉCHIQUIER

ET CHEZ LES PRINCIPAUX LIBRAIRES

1852

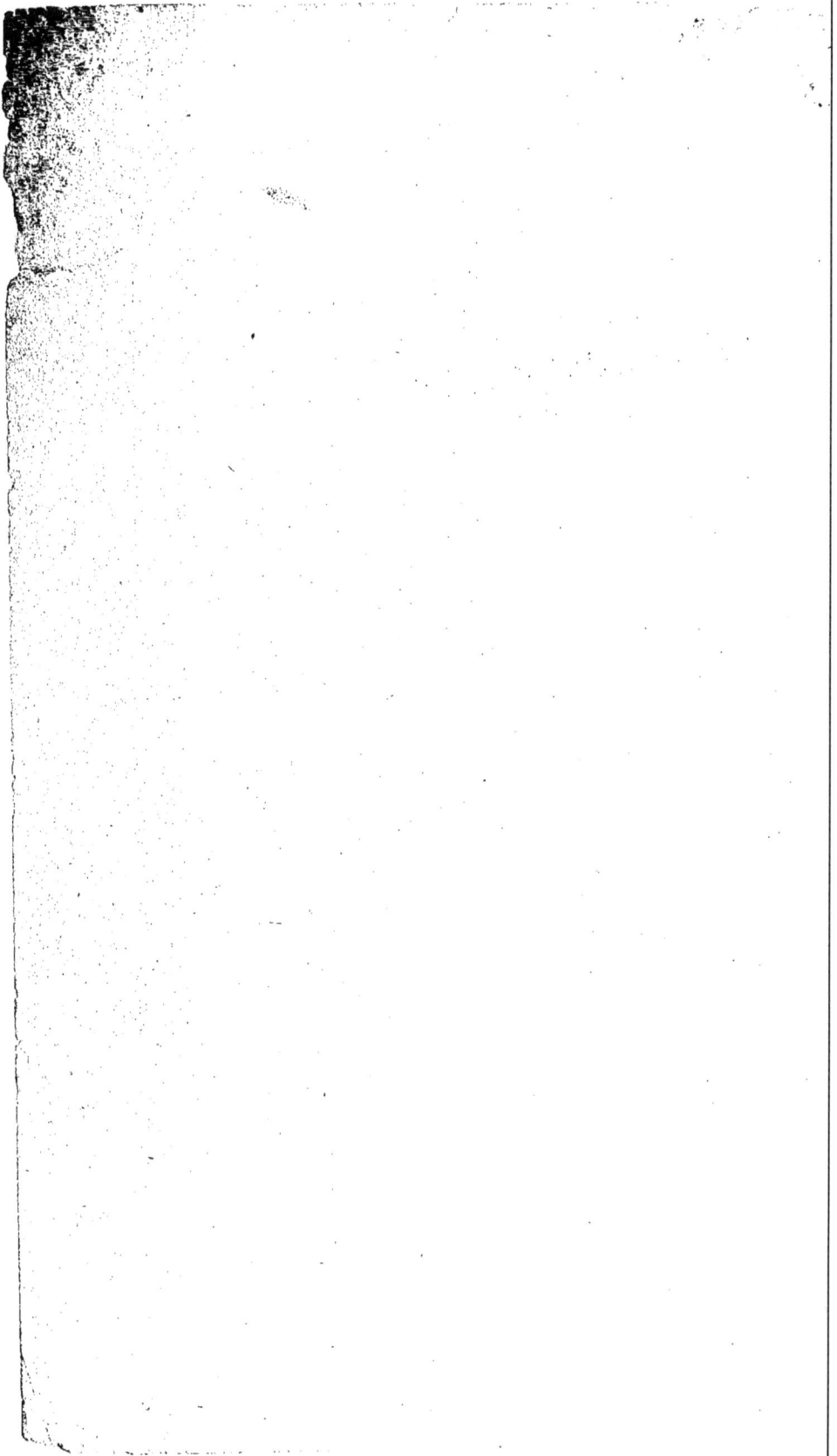

NOTICE

LA CULTURE DE LA CANNE A SUCRE

ET SUR

LA FABRICATION DU SUCRE

EN LOUISIANE

Par B. DUREAU

INGÉNIEUR, A PARIS

EXTRAIT DU

GÉNIE INDUSTRIEL, de **MM. ARMENGAUD** frères, **Ingénieurs**

Décembre 1851 — Janvier et Mars 1852

PARIS

CHEZ L'AUTEUR, 13, RUE DE L'ÉCHIQUIER,

ET CHEZ M. MATHIAS, LIBRAIRE-ÉDITEUR

QUAI MALAQUAIS, 15

—

1852

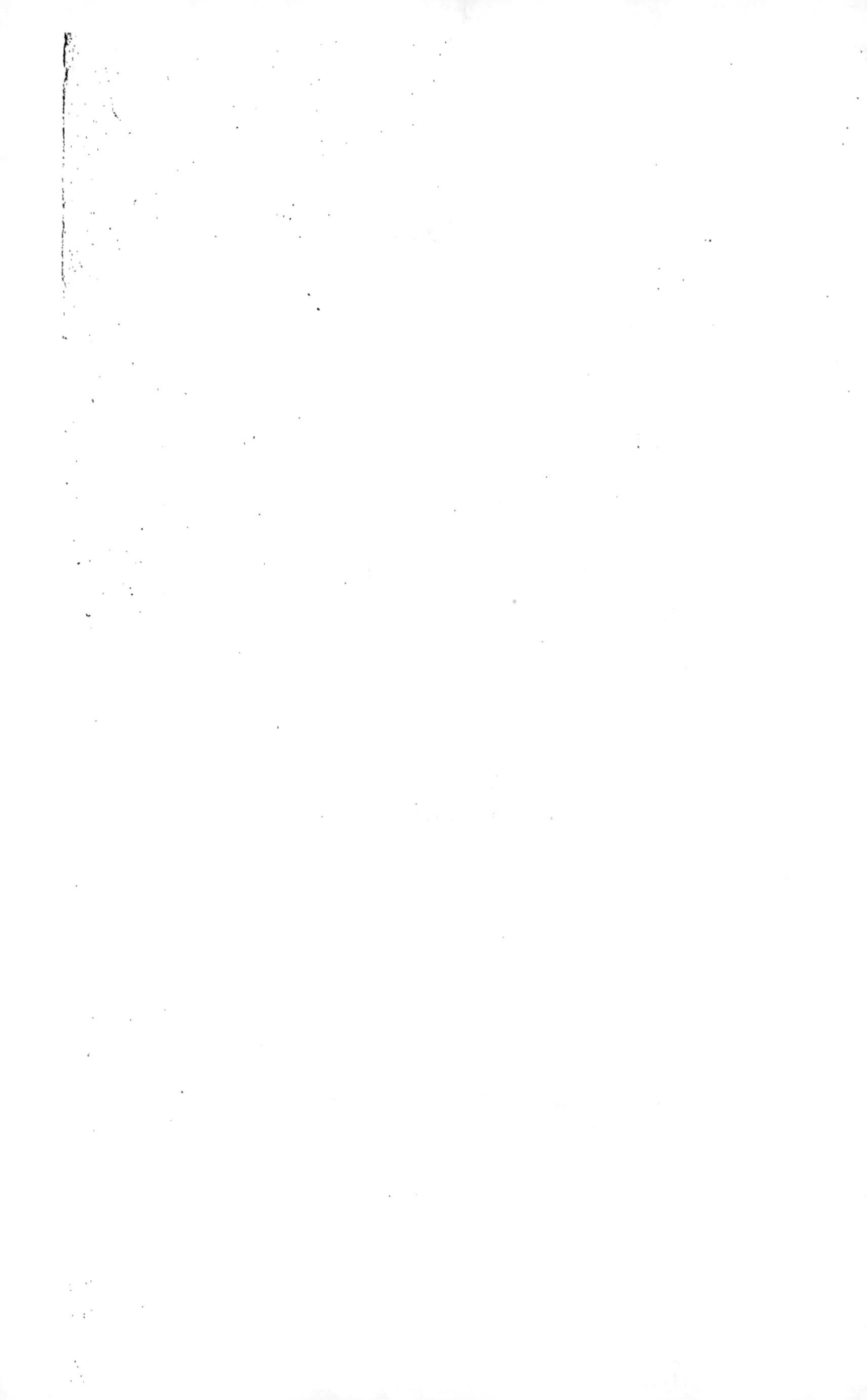

NOTICE

SUR LA CULTURE DE LA CANNE A SUCRE

ET SUR LA FABRICATION DU SUCRE

EN LOUISIANE,

Par B. Dureau, Ingénieur, à Paris.

La culture de la canne à sucre, dans certaines parties du sud des États-Unis, a depuis quelques années pris un développement non moins prodigieux que celle du coton. Si la France a le droit de revendiquer la gloire d'avoir découvert la plupart des procédés de la grande industrie à laquelle cette culture donne lieu, les Américains peuvent, à juste titre, s'honorer de l'esprit de persévérance et d'entreprise qui leur a fait surmonter de nombreuses difficultés. La fabrication du sucre, en Louisiane, est une véritable conquête sur la nature, tant les conditions climatériques de cette partie du continent américain semblaient s'opposer à son introduction. Comment supposer, en effet, que la canne à sucre peut résister dans un pays où il gèle tous les ans, et qui, pendant trois ou quatre mois de l'année, voit ses champs couverts de gelée blanche, et quelquefois de neige (1)? La glace acquiert souvent un demi-pouce d'épaisseur dans toute la Louisiane, et j'ai vu pendant deux hivers consécutifs, à la suite d'une violente tempête de vent de nord, l'eau du ciel congelée pendre aux arbres de la forêt, et ruisseler sur les feuilles des cannes à

(1) Dans la nuit du 29 décembre 1850, il tomba 4 pouces de neige dans les Opelousas, paroisse du sud de la Louisiane, où se cultive la canne à sucre.

sucre (1). Cela ne fait point mourir cette plante, pour laquelle on a cru longtemps que le climat de la Provence n'est pas assez chaud, et n'empêche que, rarement la récolte de sucre d'être abondante.

Un écrivain américain, dans son enthousiasme pour les progrès de la culture de la canne à sucre en Louisiane, faisait remarquer dernièrement, avec raison, que dans les premiers siècles de l'ère chrétienne on produisait peu de vin en France, si ce n'est à Marseille, et que le sud de l'Europe et les îles de la Grèce étaient les seules contrées où la vigne fût cultivée. Mais avec le temps, la Gascogne, la Champagne, la Bourgogne, se couvrirent de vignobles, et, après beaucoup d'essais et de tâtonnements, commencèrent à produire des vins devenus célèbres. Ce n'est qu'au XIIe siècle que Bordeaux commença à exporter, et aujourd'hui la grande région vignoble de l'Europe est précisément celle où la naturalisation de la vigne a été l'œuvre lente des siècles.

On n'est pas bien d'accord sur l'époque vers laquelle la canne à sucre fut introduite dans la Louisiane ; toujours est-il que cette plante, importée des Antilles par les premiers colons ou par des jésuites, comme quelques-

(1) Voici les observations météorologiques sur la température de la Louisiane, recueillies par moi, avec le plus grand soin, pendant l'hiver de 1850-51, à l'embouchure de la rivière Rouge :

25 octobre. Violent orage qui amène un vent de nord. Gelée blanche qui dure pendant trois jours.

17 novembre. Gelée blanche très-forte, accompagnée d'un épais brouillard.

28 novembre. Gelée blanche.

4 décembre. Forte gelée blanche.

5 décembre.   dito.   L'eau se glace légèrement.

6 décembre. Vent de nord très-violent, accompagné de givre et de pluie, puis d'un vent sec qui glace tout. La glace pend sur les toits, dans les arbres, l'eau gèle dans les maisons. Dans une nuit, la glace atteint un demi-pouce d'épaisseur.

7 décembre. Il tombe de la neige.

23 décembre. Gelée blanche.

30 décembre. Vent de nord très-violent. Glace. Il tombe près d'un pouce de neige dans la nuit.

1er janvier. Gelée blanche ; il glace légèrement.

3 janvier. Gelée blanche.

4 janvier. Gelée blanche.

29 janvier. Vent de nord ; il glace dans la nuit.

30 janvier.   dito.   dito.

Les observations météorologiques faites en Louisiane sont très-incomplètes, et il nous est, par conséquent, difficile de donner un tableau exact de la température générale du pays. Toutefois, nous pouvons constater, d'une manière à peu près certaine, que la température moyenne des mois d'avril, mai, juin, juillet, août et septembre s'élève de 30 à 35 degrés du thermomètre centigrade, pendant qu'elle descend de 15 à 20 durant les six autres mois de l'année. Dans ce singulier climat, composé de tous les extrêmes, le thermomètre marque fréquemment 40 à 43 degrés dans le mois d'août, pour descendre au point de glace quelquefois vers la mi-octobre. C'est dans ce mois surtout que les variations de température sont énormes et que le thermomètre s'élève et descend tour à tour de 45 degrés dans le même jour. Le froid, en Louisiane comme dans tout le sud des États-Unis, est brusque, instantané ; c'est ordinairement un vent de nord, précédé d'un orage, qui l'amène ; le changement se fait avec une promptitude incroyable, et, le thermomètre s'abaissant sous vos yeux, vous voyez quelquefois, dans un quart d'heure, la température décroître de 10 à 15 degrés. Le froid dure rarement plus de trois à quatre jours ; une température d'été lui succède, puis il revient huit ou quinze jours après ; et il en est ainsi pendant quatre mois de l'année, quelquefois plus, car on a vu des gelées en mars. On comprend combien de telles conditions climatériques semblent opposées à l'acclimatation de la canne à sucre.

uns le prétendent, était déjà cultivée en 1750, et que le premier sucre fait sur les bords du Mississipi fut envoyé en France en 1764. Après la cession de la Louisiane à l'Espagne, il est à croire que la fabrication du sucre y déclina, et qu'on en perdit pour quelque temps la tradition.; car nous voyons la culture de la canne confinée dans les environs de la Nouvelle-Orléans, où personne ne s'imaginait qu'on pouvait faire du sucre cristallisable tout comme à Saint-Domingue. Le jus de la canne était tout simplement converti en sirop, lequel se vendait à des prix extravagants. En 1796, un planteur, résidant à quelques milles au-dessus de la Nouvelle-Orléans, résolut d'en faire du sucre ; sa tentative fut suivie d'un complet succès. Cet événement produisit une très-grande sensation, et il est curieux de lire les termes dans lesquels on en rend compte :

« Les habitants de la Nouvelle-Orléans et les planteurs résidant à la côte s'étaient assemblés en grand nombre dans la nouvelle sucrerie, mais se tenant en dehors de la batterie, à une distance respectueuse du maître à sucre, qu'on avait fait venir des Antilles, et que l'on regardait à l'égal d'un magicien. La première *cuite* était tombée, mais le cuiseur ne disait rien : cela, pensait-on, était d'un mauvais augure ; mais on attendait néanmoins avec patience. La seconde cuite arrive, et, après avoir soigneusement agité la première, le cuiseur se tourne vers l'assemblée et annonce avec gravité que le sucre graine. Cela graine ! cela graine ! Ce mot fut répété avec transport, et, après que chacun se fut assuré du fait, cette grande nouvelle fut propagée dans tout le pays. Sur tous les bords du Mississipi et de ses affluents, depuis la Balize jusqu'à l'embouchure de la Wabash, on apprit bientôt que le sucre avait grainé dans la Basse-Louisiane. »

Il y a seulement un demi-siècle que cette industrie existe en Louisiane, dans un pays où on ne la croyait pas viable, et elle y a pris une extension qui semble sans bornes. On y fabrique annuellement 125,000,000 kilog. de sucre. Il y a dix ans on n'en produisait que la moitié. Que sera-ce donc dans la période suivante, aujourd'hui surtout que les Anglo-Américains ont envahi cette ancienne colonie de la France, et y portent partout leurs capitaux, leur énergie et leur activité ?

La culture de la canne à sucre en Louisiane, dans des conditions climatériques si défavorables, est un fait sur lequel nous ne saurions trop appuyer et dont l'importance n'échappera point à nos lecteurs. Qu'est-ce que cela prouve, en effet ? C'est que la région de culture de cette plante peut s'étendre bien au delà des limites qu'on lui supposait, et que l'industrie du sucre introduite dans le sud de l'Europe, dans les îles de la Méditerranée, avec tous les nouveaux perfectionnements qui lui ont été apportés par la science, peut y reprendre son ancienne splendeur ; qu'elle peut être implantée avec le même succès dans nos possessions d'Afrique, dont le climat, sur beaucoup de points, est moins froid, moins irrégulier et tout aussi chaud que celui de la Louisiane. Nous n'avons pas besoin de faire remarquer ce qu'une pareille industrie, exercée dans des conditions qui seraient plus favorables que celles où se trouvent placées nos colonies, aurait de favorable aux intérêts du consommateur, à l'accroissement de notre commerce extérieur, et au développement de notre marine. Telles sont les principales considérations qui nous font entrer dans des détails agricoles et manufacturiers, qui ne semblent utiles qu'aux hommes spéciaux, mais qui, cependant, se recommandent également à l'attention des économistes et de tous ceux qui ont à cœur la prospérité commerciale de notre nation.

Lorsqu'on descend le Mississipi sur un de ces palais flottants, l'orgueil et la richesse des Américains, on découvre, quelque peu au-dessous de l'embouchure de la rivière Rouge, une ligne presque non interrompue de plantations à sucre qui bordent le cours du fleuve, et dont l'aspect est véritablement enchanteur. Une levée les protége contre les débordements dont la Louisiane est menacée presque tous les ans ; à quelque distance on aperçoit la maison d'habitation avec quelques arbres pour ombrage et de riants jardins sur le devant, puis le sombre rideau de la forêt se dessinant à l'horizon comme une ligne noire, et suivant parallèlement toutes les sinuosités du Mississipi. Les cannes à sucre sont entre la levée et la forêt, dans des champs sur lesquels le fleuve a passé son niveau, et qui sont si plats que les eaux ne peuvent s'écouler que par une multitude de fossés et de canaux conduisant à la forêt, vers laquelle le terrain va toujours en s'inclinant, et que cette disposition heureuse permet de *drainer* suffisamment.

Le Mississipi est le créateur de ce sol, qui ne le cède à aucun dans le monde en profondeur et en richesse, et dont la fertilité semble inépuisable. Il ne contient pas une pierre, et les coquillages qu'on y rencontre dans le voisinage du golfe attestent que la mer l'a couvé longtemps dans son sein. Ce n'est qu'à partir de Bâton-Rouge, c'est-à-dire cinquante lieues au-dessus de l'embouchure du fleuve, et à une distance beaucoup plus considérable sur l'autre rive, qu'on voit s'élever des collines et que se termine cette immense alluvion qu'on nomme la Basse-Louisiane. Avant l'établissement de colonies europénnes dans cette partie de l'Amérique, le fleuve, débordant régulièrement, laissait chaque année un dépôt d'alluvions nouvelles, qu'on peut voir disposées par couches symétriques en creusant sur ses bords. Contenu par des levées, le Mississipi porte aujourd'hui à la mer tout le limon de ses eaux bourbeuses et ne fait plus que des irruptions accidentelles et redoutées sur ces vastes régions qu'il couvrait autrefois pendant trois ou quatre mois de l'année.

Ce sol est composé de parties atomiques de matières organiques et inorganiques que le fleuve charrie et apporte de distances considérables, roulant pêle-mêle dans son cours rapide les particules qu'il arrache aux formations primitives de houille, de carbonate de chaux, de marne, et les matières végétales et animales que lui apportent ses puissants et nombreux tributaires. Il est plus sableux sur les bords du fleuve et présente une certaine inclinaison vers la forêt, où les bas-fonds sont encore couverts de cyprès, de roseaux et de lataniers. Cette différence dans la composition du sol, à une faible distance du fleuve et fréquemment sur la même plantation, s'explique aisément par la pesanteur spécifique des dépôts et le mouvement plus ou moins rapide des eaux au moment de l'inondation. A mesure qu'on s'éloigne du fleuve, le sol devient plus gras, plus noir et plus chargé de terreau. Fertile jusqu'à une profondeur énorme, il faut creuser quelquefois de 18 à 20 pieds avant de rencontrer la couche d'argile ou de sable mouvant sur lequel il repose. C'est avec raison que les planteurs de la Louisiane s'écrient : « Nos terres sont inépuisables et ne demandent jamais d'engrais ; nous n'avons qu'à labourer plus profond pour amener de nouveau à la surface le sol vierge, et nous pouvons, pendant de longues années encore, espérer des récoltes abondantes. »

La richesse naturelle du sol n'est point une condition essentielle pour la culture de la canne ; le seul avantage que cette qualité procure au planteur est de le dispenser de l'emploi des engrais pendant un certain nombre d'années. Dans quelques parties de la Caroline du Sud, où le sol est très-pauvre ou épuisé par une culture non interrompue depuis les premiers temps de la colonisation, presque tous les planteurs possèdent une ou deux acres plantées de cannes à sucre qu'ils cultivent pour leur agrément et les besoins de leur famille. Le sucre qu'ils en retirent, quoique grossièrement fait, est d'excellente qualité, et il est prouvé qu'une acre de ce sol pauvre, mais bien fumée, drainée et cultivée avec soin, peut donner le même rendement qu'une acre des terres fortes de la Louisiane. Il en est ainsi dans la Georgie, l'Alabama et certaines parties du Texas et de la Floride, dont le sol a des qualités différentes et se prête également bien à la production du sucre. Nous ajouterons plus, les terres hautes qu'on rencontre sur la rive gauche du Mississipi, à partir de Bâton-Rouge et que longtemps on a crues impropres à la culture de la canne, donnent aujourd'hui de meilleures récoltes que les riches terrains d'alluvions de la vallée, trop chargés d'eau et de sels, et qu'on ne peut drainer à l'égal des coteaux qu'au moyen d'un système coûteux de fossés ou de canaux. Malgré tous ces soins, il est rare qu'on en retire plus de 1,000 kilogram. par acre (1), tandis que dans la province de Feliciana, sur les hauteurs de Bâton-Rouge et du Bayon-Sarah, on obtient jusqu'à 1,500 kilogrammes d'un sucre bien supérieur en qualité. Ce fait a été si bien constaté, que la culture de la canne à sucre s'est répandue depuis dans un grand nombre de localités, appropriées jusqu'alors à la production du coton, telles que la paroisse des Rapides, des Avoyelles, de Concordia, de Catahoula, etc., où les planteurs, par la substitution du moulin à sucre au *cotton gin*, réalisent d'énormes bénéfices.

La canne à sucre ne fleurit jamais en Louisiane, et comme nous avons déjà remarqué que le froid n'était point un obstacle à sa culture, on ne sera pas surpris de voir cette plante se répandre sous des latitudes qui lui

(1) Il faut environ 2 acres et 1/2 pour faire un hectare.

semblaient mortelles autrefois. Néanmoins, ce n'est pas sans précautions qu'on y arrive, et le mode de culture adopté pour cela diffère à beaucoup d'égards du système généralement suivi dans l'Amérique du Sud ou les Antilles. Nous allons mettre nos lecteurs à même d'en juger par les détails suivants que nous empruntons à un des plus intelligents planteurs de la Louisiane (1), dont l'expérience, en cette matière, nous sert de garant.

On cultive cinq variétés de la canne à sucre en Louisiane ; ce sont les suivantes :

La canne de Bourbon, la canne à rubans verts, la canne à rubans rouges, la canne d'Otaïti, la canne créole.

La canne de Bourbon, craignant peu le froid et mûrissant facilement, est généralement répandue ; la canne à rubans rouges, possédant des qualités analogues, l'est également ; la canne créole, malgré la qualité supérieure de son jus, l'est beaucoup moins, ayant l'écorce trop tendre et étant facilement accessible au froid. La culture de cette jolie plante est une chose de luxe, et ce n'est guère que pour leur agrément que les planteurs en ont quelque peu dans leurs champs ou leurs jardins. La canne à rubans verts et la canne d'Otaïti sont pareillement cultivées sur une petite échelle, n'ayant point les qualités nécessaires pour le climat si variable et souvent sévère de la Louisiane.

« Pour qui est accoutumé, dit M. Benjamin (2), à considérer les fruits qui résultent du travail de l'homme dans la culture des champs, rien ne surprend davantage que le peu de produits retirés de la canne quand, comparé à d'autres récoltes, le plant fournit rarement plus de quatre tiges de cannes nouvelles ; et la plus petite quantité nécessaire pour planter 100 acres ne s'élève à pas moins de 20 acres des meilleures cannes. Si, comme cela est trop fréquemment usité, les plus petites et les plus pauvres cannes sont réservées comme plants, il faut 30, 40 et quelquefois 50 acres pour en planter un 100. Si, en un mot, dans la culture de la canne à sucre, il était nécessaire, comme dans celle des céréales, de renouveler les germes chaque année, il n'y aurait aucun avantage à faire du sucre, et il faudrait abandonner la culture de la canne.

« Mais heureusement la canne à sucre n'est pas une plante annuelle. Tous les ans de nouveaux rejetons sortent de la souche qu'on laisse après la récolte. Dans les Indes occidentales, où le froid ne vient jamais empêcher la reproduction de la canne, le même plant pousse des rejetons pendant dix ou douze années, et quelquefois, dit-on, dix-huit ou vingt, quoique ce dernier chiffre semble un peu exagéré. Mais en Louisiane il n'en est point ainsi, et la règle générale est de diviser les champs en trois parties à peu près égales, dont l'une est plantée chaque saison, si bien que dans une plantation de 600 acres en culture, 200 sont des plants, 200 des

(1) M. Benjamin.
(2) De Bow's commercial Review.

souches de première année, et 200 donnant pour la seconde fois des rejetons. Lorsqu'un champ de cannes a donné ainsi trois récoltes, il est d'usage
d'y passer la charrue et d'y mettre de nouveaux plants, et si nous prenons
pour règle générale et calculons, comme une moyenne avérée, qu'une acre
de cannes suffit pour en planter quatre, il en résulte qu'un plant se multi-
plie douze fois, ou, en d'autres termes, qu'un douzième de chaque récolte
doit être réservé comme plant pour la récolte suivante.

« Avant d'entrer dans les détails de la culture, il est nécessaire de décrire
la manière dont on réserve le plant pour la récolte suivante. Au moment
de commencer les travaux de la récolte, c'est-à-dire vers le 1er octobre, le
planteur choisit les cannes destinées à servir de plants. Qu'il nous soit permis, à ce propos, de faire remarquer l'erreur funeste et générale qui préside
à ce choix. La plupart des planteurs n'ont pas le courage de sacrifier, pour
employer l'expression dont ils se servent, leurs meilleures et leurs plus
belles cannes ; ils préfèrent choisir les plus mauvaises et les plus petites,
suivant, ainsi, une coutume diamétralement opposée à ces principes natu-
rels qu'indique la théorie et que reconnaît l'expérience, et que la nature
a établis pour nous servir de guides dans la reproduction des espèces ap-
partenant au règne végétal et animal. Les semblables se reproduisent par
les semblables. C'est une maxime d'une application générale. En semant
du grain, en reproduisant des végétaux, en élevant des animaux, en un
mot, dans tout le système de la reproduction, il a été reconnu, universelle-
ment, que des rejetons sains et vigoureux ne peuvent être espérés que de
germes provenant d'individus dont la constitution possède des qualités
similaires. Dès lors, comment ne pas croire que cette habitude de choisir
les plus mauvaises cannes pour plants n'a pas été une des principales causes
qui ont amené la dégénérescence de la canne créole en Louisiane? Dégénérescence telle, que cette excellente variété est presque entièrement ban-
nie de nos champs. Dirons-nous que les planteurs ont poussé cette fausse
économie au point de ne réserver pour plants que la tête de la canne,
c'est-à-dire cette partie verte du sommet de la tige qui est séparée avant
d'envoyer la canne au moulin et qui n'est pas assez mûre pour fournir du
sucre, comme si la raison et l'expérience n'avaient pas prouvé que c'était
le plus sûr moyen d'abâtardir l'espèce ?

« La canne pour plant, une fois coupée, est mise de côté et couchée dans
le champ en matelas (matrasses) ou lits de deux pieds de hauteur environ,
dont les couches sont disposées de façon à ce que les feuilles couvrent et
enveloppent les tiges des cannes de la couche précédente, formant ainsi
une protection naturelle contre le froid. Les matelas sont également en-
veloppés dans leur ensemble avec les feuilles, lesquelles sont tournées
vers le sud de manière à ne pouvoir être soulevées ni dérangées par le vent
de nord lorsqu'il vient à souffler et préservées de la froidure contre laquelle
on ne saurait trop prendre de précautions pour les garantir. En choisissant
le plant, il n'est pas mal d'avoir en vue la proximité de cette partie du

champ qu'on doit planter, afin, lorsque le temps de planter arrive, d'éviter un travail de transport inutile.

« La canne peut être plantée en Louisiane à n'importe quelle époque, entre le premier octobre et la fin de mars ; mais s'il arrive que ce soit en automne, il faut avoir soin que le sol soit drainé soigneusement. Sans cette précaution, le plan gèle par le froid ou se pourrit par l'humidité. Les cannes plantées à l'automne doivent l'être au moins à quatre pouces de profondeur, afin que cette couche de terre leur serve de protection contre la froidure de l'atmosphère. Très-peu de planteurs, toutefois, sont à même de planter avant ou pendant les travaux de la récolte ; il est rare que cette opération soit commencée avant que toutes les cannes aient passé au moulin. Généralement la canne n'est plantée qu'en janvier, février ou mars.

« Tous les planteurs ne sont pas d'accord sur la manière de planter ; autrefois la canne était plantée en rangées séparées par un intervalle de 3 à 5 pieds ; mais depuis quelque temps il s'est opéré un changement, et l'expérience a prouvé qu'un espace de 7 à 8 pieds entre deux rangées de cannes, n'a rien de trop. Quand la canne est plantée en rangs trop rapprochés les uns des autres, les effets de ce rapprochement ne sont pas bien visibles au commencement de la saison, ni lorsqu'il règne une grande sécheresse ; mais, à une époque avancée de l'année, on s'aperçoit que l'air et le soleil ne peuvent pénétrer le feuillage épais formé par un si grand nombre de cannes ; que celles-ci, par conséquent, ne peuvent mûrir aussi bien et que leurs tiges sont moins pesantes ; en un mot, les inconvénients de réunir tant de végétation dans un si petit espace, sont évidents, et démontrent la nécessité d'une autre méthode.

« L'expérience a prouvé que la méthode suivante est la meilleure. Vous commencez en janvier, et, après avoir préparé le sol, vous plantez la canne en rangées séparées par un intervalle de 8 pieds. Pour cela, trois cannes sont couchées sur un rang à une distance de 4 pouces l'une de l'autre, en ayant soin de les placer de telle sorte que les yeux (eyes), ou boutons, qui se trouvent à chaque joint de la canne et sont naturellement opposés l'un à l'autre en alternant depuis le pied de la plante jusqu'à son sommet, en ayant soin que ces boutons puissent germer et se développer latéralement et non en dessus ni en dessous de la canne. On comprend aisément que si cette précaution est négligée, une série de boutons restant sous la partie supérieure de la canne, sera retardée dans sa végétation, tandis que ceux du dessus, germinant trop tôt, comparativement, rendront la pousse des rejetons inégale, ce qui serait un grand inconvénient au moment de la récolte.

« Les cannes sont couchées régulièrement sur une ligne, et sont elles-mêmes aussi droites qu'il est possible ; si une tige est trop courbée, il faut la couper afin de ne pas interrompre la régularité de la rangée. Les plants, ainsi préparés, sont couverts de terre, dont on a préalablement écrasé les mottes avec soin: cette couche est d'environ un pouce d'épaisseur; mais, une fois le rejeton sorti, il faut en ajouter d'autre autour des racines, et cela beaucoup plus tôt qu'on ne le fait généralement, les planteurs mettant une couche de terre trop forte au moment où ils plantent. L'avantage de cette légère couche de terre est de hâter la première végétation et de provoquer le rejeton à sortir, ce qui est une considération de première importance dans la Louisiane, où la maturité de la canne doit s'opérer dans un intervalle de quelques mois, plus court que celui qu'elle exige naturellement.

« Après que la canne a été coupée en automne, une portion de cette plante reste dans les champs, c'est-à-dire le sommet et les feuilles, une portion seulement de la tige pouvant être convertie en sucre et envoyée au moulin. Ces débris sont placés sur la souche afin de garantir du froid cette portion de la canne qui reste dans la terre et qui doit fournir de nouveaux rejetons dans la saison suivante. Au printemps, c'est-à-dire aussitôt que le froid n'est plus à craindre, toutes ces feuilles sont éloignées de manière à permettre à la canne l'accès de l'eau et du soleil et sont brûlées sans résultat, quoiqu'il serait possible, sans aucun doute, d'en faire un engrais très-utile.

« Les autres opérations de la culture, consistent en labourages et sarclages, qui se continuent, d'une manière non interrompue, à l'aide de la charrue et de la houe jusqu'à la mi-juin. En même temps qu'on plante de nouvelles cannes, il faut avoir soin d'enlever l'épaisse couche de terre accumulée dans la saison précédente autour des souches de deuxième et troisième année, de manière à ne laisser, là aussi, jusqu'à la pousse des nouvelles tiges, qu'une couche de terre d'un pouce environ de profondeur. Cette opération s'exécute au moyen d'un instrument de forme particulière, conduit par un cheval. Il faut ensuite enlever toutes les herbes et plantes étrangères qui entourent la canne, et remuer fréquemment le sol afin d'activer la végétation; continuant ainsi jusqu'à ce que la canne soit assez avancée pour être recouverte ou enchaussée au moyen de la terre placée entre ces deux rangées, que l'on élève graduellement jusqu'à un pied de hauteur, faisant ainsi un appui à la canne, et laissant les eaux circuler. Enfin la dernière opération, et celle-là doit être faite dans la première quinzaine de juin, au plus tard, consiste à passer trois fois la charrue entre les rangées de cannes à une profondeur d'au moins un pied, ce qui ajoute considérablement à la porosité du sol, et, le rendant plus accessible à l'air et au soleil, facilite la végétation de la canne. Après cela il n'y a plus rien à faire dans les champs. La canne se développe librement jusqu'à une hauteur de 12 pieds, et les feuilles, se joignant au sommet, forment une multitude d'arches où le soleil peut à peine pénétrer; une herbe fine croît dans les larges sillons et sert de nourriture aux animaux de la plantation une fois les cannes coupées, ce qui arrive ordinairement dans la première quinzaine d'octobre.

« Le sol de la Louisiane lui-même, malgré son énorme profondeur et sa fertilité, n'est pas inépuisable, et beaucoup de planteurs ont, par une culture non interrompue de la canne à sucre, épuisé singulièrement leurs terres. Quelques-uns alternent et reposent leurs terres en y plantant du maïs ou des pois ; d'autres s'adressent aux engrais, et commencent à employer les feuilles et le sommet de la canne en guise de fumier. Dans ces derniers temps on a conseillé l'emploi de la bagasse, ou écorce de la canne, que les planteurs de la Louisiane ont l'habitude de brûler ou de jeter à la rivière. Nous croyons, en effet, que cette bagasse, si elle était suffisamment broyée et mélangée au fumier des étables, ferait un engrais qui ne serait pas sans qualité. »

De toutes les opérations qui facilitent la culture de la canne à sucre, en augmentant le rendement de cette plante, la plus nécessaire, la plus utile, est sans contredit le drainage. Les planteurs de la Louisiane ont déjà beaucoup fait pour cela, et l'on serait étonné si l'on voyait la quantité de fossés, de canaux, entrepris par eux sans l'aide du gouvernement, qui conduisent les eaux de leurs plantations dans les bayous et les lagunes du golfe du Mexique. Mais ils n'ont point fait assez encore dans une contrée où l'eau du ciel tombe en si grande abondance et s'écoule si difficilement. Il y a quelques années, des observations recueillies à la Nouvelle-Orléans, prouvèrent que, depuis le 1er septembre 1845 au 1er décembre 1846, c'est-à-dire, dans l'espace de neuf mois, il tomba 10 pieds d'eau (1). De telles saisons ne sont pas rares dans cet étrange climat où les grandes sécheresses sont accidentelles, et où, s'il ne tombe pas de l'eau tous les jours de l'été, il en tombe tout le printemps ou tout l'hiver. On comprend, dès lors, toute l'importance des opérations qui ont pour but de dessécher les terres, que les pluies ne sont pas seules à menacer, et qui, pendant quatre mois de l'année, sont au-dessous du niveau d'un fleuve dont les infiltrations, la pénétrant de toutes parts, contribuent ainsi à pourrir les plants et à retarder leur végétation.

Le professeur Silliman, à la clôture d'un cours de chimie agricole, qui eut lieu à la Nouvelle-Orléans, observait avec raison que si on lui demandait par quel moyen les planteurs de la Louisiane pourraient, avec certitude, augmenter le produit de leur sol, il répondrait : Par le drainage, rien que par le drainage. L'humidité est, en effet, plus ennemie de la canne à sucre que le froid lui-même, et si la gelée trouvait cette plante dans des conditions de sécheresse suffisante, elle aurait beaucoup moins d'action sur elle. Il est probable qu'on pourrait ainsi préserver les mêmes souches beaucoup plus longtemps et leur faire produire des rejetons pendant six ou huit années. Dans les conditions d'humidité où se trouvent la plupart des terrains où se cultive la canne à sucre, qu'arrive-t-il au moment de la gelée ?

(1) En juin 1848, il tomba 30 pouces d'eau en Louisiane ; la moyenne, pour les mois d'avril, mai, juin, juillet, août, septembre, octobre de la même année, est de 10 pouces par mois. A Paris, la moyenne est de 20 pouces par an.

Il se forme une masse de glace autour des plants ou des souches, qui détruit les yeux ou boutons de la canne; si la température de l'hiver est douce, sa destruction a également lieu par un trop long séjour dans des terres humides ou détrempées. Quelles que soient les circonstances de température, l'humidité est, dans la Louisiane, ce que la canne à sucre redoute le plus.

Les froids qui arrivent en Louisiane dans la dernière quinzaine d'octobre au plus tard, surprennent la canne, encore debout dans un grand nombre de plantations, et menacent la récolte d'une destruction complète, si le planteur n'a pas pris les précautions d'usage pour s'en garantir. Voici en quoi elles consistent : on coupe toutes les cannes du champ sans en excepter une seule, au lieu de ne les abattre qu'au fur et à mesure des travaux de la sucrerie, ainsi que cela se fait dans les Antilles et dans la Louisiane même lorsque la saison est plus douce que d'habitude. Les cannes, ainsi coupées, sont couchées dans les sillons avec toutes leurs feuilles, lesquelles sont disposées avec autant de soin que possible pour garantir la tige des atteintes du froid. Ce moyen réussit assez bien ordinairement et suffit à préserver la sève des cannes, que la gelée atteindrait d'une manière irréparable, si on avait l'imprudence de les laisser debout.

Le planteur auquel nous avons déjà emprunté quelques détails sur la culture, fait à ce propos les remarques suivantes : « Environ le quart d'une acre de canne créole fut affectée par le froid dans une plantation, le 20 novembre 1846. Les joints inférieurs paraissaient en bon état, mais la partie supérieure de la canne, c'est-à-dire environ les deux tiers de la longueur, avait tous ses boutons détruits par la gelée. La canne, qui était alors dans le jardin, fut couchée dans les sillons (winrowed) deux jours après, et, par des causes qu'il est inutile de mentionner, resta dans le champ jusqu'au commencement d'avril. Je la fis enlever à cette époque, et, à ma grande surprise, je la trouvai douce et parfaitement saine. Les boutons attaqués par le froid étaient secs et réduits en une poussière noire, mais le mal n'allait pas plus loin, la sève n'avait pas fermenté et pouvait sans aucun doute fournir de très-bon sucre. Si nous considérons que la canne créole est la plus délicate, et que ses feuilles la garantissent beaucoup moins que les larges feuilles et le sommet luxuriant de la canne à rubans, il n'y a aucune raison pour ne pas croire que si les cannes étaient toujours couchées dans les sillons, le froid serait moins à craindre et il n'y aurait aucun danger de perdre des récoltes entières. »

L'effet de la gelée sur la canne est assez curieux et j'ai eu, bien des fois, occasion de l'observer. Le jus devient froid comme de la glace, et il va sans dire que sa fermentation serait nulle si cette basse température se maintenait, mais il n'en peut être ainsi malgré toutes les précautions. En Louisiane, le froid est suivi généralement d'une température assez élevée et quelquefois de grandes pluies d'orage qui provoquent singulièrement la décomposition du jus. Au bout de quelques jours, c'est-à-dire aussitôt que l'intérieur de la canne a acquis la température ambiante, les symptômes de la fermentation se manifestent. Le bouton se couvre à chaque joint d'une légère moisissure et ne tarde pas à se pourrir ; la décomposition gagnant la sève, elle devient bientôt complétement acide, tandis que le tissu cellulaire se diapre de veines rougeâtres à mesure que la fermentation fait des progrès. Lorsque la canne à sucre est dans cet état, elle est complétement perdue, quelle que puisse être la perfection des appareils destinés à la fabrication du sucre. Tous les efforts du planteur doivent donc être dirigés sur le travail des champs au moment où le froid peut le suprendre, ce qui arrive à peu près tous les ans dans la Louisiane et le Texas. Tous les hivers, pendant le séjour de trois années que j'ai fait aux États-Unis, j'ai vu de la glace dans les champs de cannes ; l'hiver de 1849 à 50 fut particulièrement très-rude, il y eut des gelées en mars. La culture de la canne à sucre, grâce à l'habileté des planteurs et à la perfection de leurs appareils de fabrication, n'en prospère pas moins pour cela et y acquiert un développement que pourraient lui envier une foule de contrées plus favorisées par la nature

La Louisiane compait l'année dernière environ 1400 moulins ou sucreries, produisant au moins 250,000 boucauts de sucre, c'est-à-dire 140,000,000 kilogr., indépendamment de la mélasse, qu'on peut estimer à 60 gallons (1) par boucaut, faisant environ 75,000,000 kilogr. en tout. En outre de cette quantité, il faut ajouter 20,000 boucauts produits dans les nouvelles plantations du Texas. On peut donc compter que la production du sucre aux États-Unis est de 150,000,000 kilogr., plus 80,000,000 kilogr. de mélasse, dont une partie est de très-bonne qualité, et cède 70 0/0, au moins, de sucre cristallisable aux raffineurs de New-York, de Philadelphie et de Boston, lesquels en achètent la plus grande partie.

Pendant que le nombre des moulins ou sucreries est de 1400, celui des plantations est d'environ 2000, attendu que beaucoup de petits planteurs font leur récolte en commun, partageant le produit au prorata de la quantité de cannes que chacun d'eux fournit. Si, au contraire, le moulin est la propriété d'un seul individu, celui-ci achète les cannes au cultivateur moyennant un prix convenu, comme cela se fait pour les betteraves dans le nord de la France. Il y a des planteurs qui récoltent 15 à 25 ou 50 boucauts de sucre. Il y en a d'autres qui produisent 500, 1000 et jusqu'à 1500 boucauts. Les premiers se servent encore de moulins verticaux mus par des chevaux ou des mules ; les autres possèdent de puissants moulins horizontaux à vapeur. Sur 1400 moulins, la moitié au moins sont mus par ce dernier agent, et leur nombre va augmentant avec une rapidité prodigieuse. En 1848 il en fut établi 120 ; en 1849, environ 150 ; je pense qu'en 1850 le nombre n'a pas été moindre et qu'il atteindra le même chiffre cette année. C'est la maison Niles et Cᵉ de Cincinnati qui fait la plus grande

(1) Le gallon vaut environ 4 litres 1/2.

partie de ces moulins. Les autres viennent de Pittsburg, New-York et la Nouvelle-Orléans.

Les moulins à sucre dont on se sert en Louisiane ont généralement trois cylindres ou rouleaux de 25 à 28 pouces de diamètre sur 4 à 5 pieds 1/2 de longueur; quelques-uns en ont quatre et cinq, mais ils sont rares. J'ai vu un moulin dans lequel la canne, en sortant des cylindres, passe entre deux rouleaux supplémentaires, après avoir été légèrement humectée. Il ne paraît pas que ce procédé donne des avantages bien marqués. Un moulin à trois rouleaux, bien confectionné, faisant deux révolutions et demie à la minute, donne, en Louisiane, environ 70 à 75 p. 100 du jus contenu dans la canne; mais la plupart des planteurs n'en obtiennent que 66, et beaucoup même ne dépassent pas 52 p. 100. La canne à sucre, en Louisiane, contient 90 p. 100 de jus, 10 p. 100 de matières ligneuses constituant la bagasse; c'est cette bagasse qui retient au moins le tiers du sucre : perte sérieuse et sans compensation, puisqu'on la jette à la rivière et que dans d'autres plantations on la brûle dans de grandes cheminées construites spécialement pour cela, tant cette matière est volumineuse et embarrassante. Dans ces dernières années, des efforts ont été faits pour sécher la bagasse artificiellement, afin de l'employer comme combustible à la place du bois, qui dans quelques plantations commence déjà à manquer. Les essais n'ont encore donné aucun résultat bien certain.

Il n'est pas dans notre sujet de traiter de la partie technique de la fabrication du sucre, mais cependant nous ne pouvons nous empêcher d'y jeter un coup d'œil et de constater des progrès qui sont liés de la manière la plus intime avec des questions qui ont agité le monde économique. Nous voulons parler du raffinage du sucre sur le lieu même de la production.

Jusqu'en 1831, il était généralement admis que les sucres de la Louisiane n'étaient point d'assez bonne qualité pour subir les opérations du raffinage; quelque absurde que fût cette opinion, elle avait cours, et, questionnés sur ce sujet à la tribune même du congrès, MM. Éd. Livingston et Josia Johnson, sénateurs de la Louisiane, répondirent qu'en effet le sucre produit dans cet État ne pouvait se raffiner. Les représentants du Nord profitèrent de cette déclaration pour proposer qu'on retirât la protection accordée à un produit que la Louisiane ne pouvait produire dans des conditions avantageuses, et qu'on permît la libre entrée des sucres de Cuba, frappés d'un droit de 30 p. 100 au profit des planteurs de cette partie des États-Unis. Mais, peu après, des raffineries de sucre s'installèrent à la Nouvelle-Orléans, et les planteurs, adoptant les appareils à cuire dans le vide, se mirent à faire du sucre blanc de premier jet. Dans le même pays, où l'on niait, il y a vingt ans, la possibilité de raffiner le sucre, il y a aujourd'hui au moins vingt-cinq plantations transformées en raffineries, faisant le sucre blanc directement de la canne, et produisant environ 25,000 boucauts tous les ans. L'essor est tel, qu'il est possible de prévoir l'époque où, toutes les plantations adoptant cette méthode si rationnelle, tout le sucre blanc sera fait au Sud, et les raffineries du Nord, devenant un non sens, une superfétation, disparaîtront naturellement. L'économie qui résulte de cette méthode de fabrication depuis l'introduction des nouveaux appareils est si considérable, que le planteur peut livrer à 7 ou 8 sous la livre un sucre aussi blanc et aussi bon que celui qui est vendu 15 sous par les raffineurs du Nord. L'avantage, comme on le voit, est tout entier pour les consommateurs (1).

C'est au moyen des appareils à cuire dans le vide, qu'on est parvenu à obtenir ces brillants résultats, et que la Louisiane, malgré l'humidité de son sol, la rigueur momentanée de son climat, malgré, en un mot, les circonstances les plus défavorables, sera bientôt en mesure de lutter sans protection contre Cuba même, et de fournir, dans un avenir peut-être peu éloigné, à toute la consommation des États-Unis (2).

Les appareils à cuire dans le vide employés en Louisiane ne diffèrent en rien des nôtres, si ce n'est qu'ils sont généralement en tôle ou en fonte, au lieu d'être en cuivre, et affectent la forme cylindrique. C'est à New-York, Philadelphie, Cincinnati et la Nouvelle-Orléans qu'ils sont construits, dans les deux premières villes surtout, où l'art de la construction est porté à un degré qui pourrait nous surprendre, et à des conditions de bon marché qui ne laissent rien à désirer. Par orgueil national, les Américains en ont changé les noms : ainsi l'appareil Degrand porte le nom de *Stillman's Apparatus*, c'est le nom de son constructeur; en cela, du reste, consiste toute la différence. Mais il est un autre appareil qui se recommande à toute notre attention par les avantages énormes qu'il présente au point de vue de l'économie du combustible, nous voulons parler de l'appareil Rillieux (Rillieux's Apparatus) (3), qui cause, en ce moment, une véritable révolution dans la fabrication du sucre en Louisiane et dont l'exécution ingénieuse fait le plus grand honneur à l'industrie américaine.

DIVERS APPAREILS DE FABRICATION EMPLOYÉS EN LOUISIANE.

L'évaporation du jus de canne s'accomplit en Louisiane :

1° Par des chaudières à air libre et à feu nu ;

2° Par des chaudières à air libre et à feu nu dans lesquelles le jus est concentré jusqu'à 29 à 30° de densité, mais dont la cuisson s'achève à l'aide de chaudières à vapeur également à air libre;

3° Par des chaudières à feu nu et à air libre qui concentrent le jus jusqu'à 29 à 30° et dont la cuisson s'achève dans le vide ;

(1) Nous prions nos lecteurs de remarquer que cet article a été fait aux États-Unis et que notre opinion ne s'applique aucunement aux intérêts si considérables de la raffinerie en France.—(*Note de l'auteur.*)

(2) La quantité de sucre consommé aux États-Unis est de 215,000,000 kilog., sans compter la mélasse, que nous estimons à 100,000,000 kilog., y compris celle importée de Cuba.

(3) L'appareil Rillieux, importé en France par MM. Cail et Cie, sous le nom d'appareil à *triple effet*, a été construit cette année pour la première fois dans leurs ateliers, pour une sucrerie de betterave des environs de Douai.

4° **Par** la concentration totale du jus à air libre, au moyen de la vapeur à *haute pression*;

5° Par la concentration du jus à air libre et à la vapeur jusqu'à 25° et dont la cuisson s'achève dans le vide;

6° Par la cuisson totale dans le vide et à *haute pression* (système français);

7° Par la cuisson totale dans le vide et à *basse pression* (système américain).

Nous désignons par *système français* l'appareil Degrand ou Derosne et Cail;

Nous désignons par *système américain* l'appareil Rillieux.

Nous n'avons pas besoin d'observer que de tous ces différents systèmes il n'y en a que deux qui donnent de bons résultats, ce sont les deux derniers. Bien qu'on emploie la vapeur pour opérer la concentration du jus, la caramélisation ne s'en opère pas moins et les rendements sont diminués dans une proportion énorme par tout système autre que le système dans le vide. Il m'a été donné de constater par l'expérience que des cannes à sucre provenant de terres neuves, lesquelles contiennent, comme on le sait, beaucoup de sels, ne peuvent fournir que de la mélasse, si l'on concentre le jus à air libre, tandis que le même jus traité dans le vide fournit non-seulement du sucre cristallisable, mais des sirops qui donnent 40 à 50 0/0 d'excellent sucre de second jet.

Que les savants qui se sont si promptement empressés de conclure que le midi de la France et le nord de l'Algérie ne pouvaient produire de sucre cristallisable fassent leurs expériences à l'aide d'*appareils à concentrer dans le vide*, ils obtiendront des résultats très-différents, et ils proclameront comme nous la possibilité de se livrer dans ces contrées à la culture de la canne et l'avantage immense qui en résulterait pour la France.

APPAREIL RILLIEUX.

L'appareil Rillieux est basé sur l'emploi de la chaleur latente contenue dans la vapeur qui s'échappe du jus de canne pour la concentration et la cuisson dans le vide du sirop provenant de ce même jus, utilisant ainsi une quantité considérable de calorique qui, dans les chaudières à air libre, se perd complétement ou n'est employé que d'une manière imparfaite et sous la pression de l'atmosphère, comme dans l'appareil Degrand. Le principe de cet appareil n'est pas nouveau, mais son application à la fabrication du sucre et les dispositions ingénieuses adoptées par son auteur, constituent une invention véritablement originale pour laquelle l'auteur, M. Norbert Rillieux (1), prit une patente en 1843 et un brevet de perfectionnement en décembre 1846. Ce n'est, au reste, que depuis cette époque, après beaucoup d'essais et de tâtonnements, que le succès de l'appareil Rillieux est assuré.

L'appareil Rillieux se compose de trois ou quatre chaudières (2) cylindri-

---

(1) M. Rillieux est né à la Nouvelle-Orléans, mais il habita longtemps la France, à laquelle il appartient par l'éducation.

(2) Dans l'appareil à trois chaudières, la vapeur n'agit que deux fois; aussi peut-on le désigner

2

ques en tôle de dix pieds de longueur sur trois et demi de diamètre, disposées de front et parallèlement, et supportées sur des colonnes en fonte placées à chaque extrémité et dans l'intérieur desquelles circule la vapeur qui passe d'une chaudière dans les autres au moyen d'un système de valves et de tuyaux. Un dôme surmonte chacune de ces chaudières, qui a un peu l'apparence d'un générateur de locomotive et dont l'ensemble est assez imposant.

DESCRIPTION DE L'APPAREIL A QUATRE CHAUDIÈRES
(FOUR PAN APPARATUS).

Le jus de canne, après avoir passé dans les défécateurs et traversé une couche de noir en grain de deux mètres de hauteur, coule dans un réservoir en fer, d'où il est pompé et refoulé dans la première chaudière A, au moyen d'un tuyau qui vient faire sa jonction dans la partie postérieure de la chaudière. Ce tuyau est muni d'un robinet régulateur qu'on ouvre ou qu'on ferme à volonté au moyen d'une manivelle placée en avant de l'appareil, où le cuiseur est placé; en tournant cette manivelle plus ou moins, il peut régler l'alimentation de cette chaudière. Sur le devant de la même chaudière est un autre tuyau c, fig. 2, qui conduit le jus de canne à l'arrière de la seconde chaudière B ; sur ce tuyau et sous la seconde chaudière se trouve également un robinet régulateur ou d'arrêt qu'on manœuvre au moyen de la manivelle e ; de ce robinet, un autre tuyau e′ conduit à la partie postérieure de la chaudière C (1) le jus de canne qui a déjà atteint la densité de 15° Beaumé ; enfin, de la chaudière C un autre tuyau, muni aussi, lui, d'un robinet régulateur, se dirige vers une pompe, laquelle refoule le sirop, qui pèse maintenant 28°, dans deux réchauffoirs. Dans ces réchauffoirs, qui sont chauffés à l'aide de serpentins, le sirop est amené au point d'ébullition, puis écumé avec soin; de là il passe une seconde fois à travers les filtres à noir en grain GG, coule dans un réservoir spécial H, fig. 1, pour alimenter la quatrième chaudière D, qui est la chaudière de concentration ou chaudière à cuire.

Nous allons suivre maintenant la marche de la vapeur.

La vapeur d'échappement de la machine, qui passe dans le tuyau I, fig. 2 et 1, se rend à la première chaudière A. Au-dessous est un autre tuyau K, qui amène de la vapeur directe des générateurs, en cas qu'il soit nécessaire d'en employer, et alimente également les défécateurs EE, et la petite machine L, destinée à faire mouvoir les pompes. M (fig. 1), est une valve qui met en communication les deux tuyaux de vapeur et au moyen de la-

sous le nom d'appareil à double effet. Le nom d'appareil à triple effet ne peut s'appliquer qu'à celui qui compte quatre chaudières, la vapeur, dans celui-ci, par une disposition différente, agissant trois fois.

(1) Les bornes de cet ouvrage ne nous ont pas permis de reproduire l'appareil entier avec ses quatre chaudières ; l'intelligence de nos lecteurs y suppléera aisément en se représentant par la pensée deux chaudières C et D, placées à la suite des deux premières.

quelle on supplée à la vapeur d'échappement qui passe dans le tuyau I, si celle-ci était en quantité insuffisante pour la concentration du jus.

La vapeur qui provient de l'évaporation du jus dans la chaudière A descend dans le tuyau h (fig. 3 et 4), dans la colonne i, puis dans la boîte en fonte K. Une portion de cette vapeur remonte dans la colonne l, pour alimenter la seconde chaudière B, passe à travers un tuyau horizontal, puis dans une autre colonne pour alimenter la chaudière à cuire D.

La vapeur qui provient de la seconde chaudière B passe dans la colonne n, dans la boîte K', et remonte dans la colonne suivante pour faire bouillir la chaudière C. La vapeur de CD passe dans deux colonnes à travers un tuyau horizontal et se rend au condenseur S, où elle est condensée par les moyens ordinaires, c'est-à-dire à l'aide d'un jet d'eau. Le vide est maintenu au moyen d'une pompe à air T d'une grande puissance.

L'eau de condensation de la première chaudière A s'écoule par le tuyau (fig. 4) dans une boîte en fonte située sous la plaque de fondation de la machine ; de là, une pompe alimentaire l'enlève et la retourne dans les générateurs.

L'eau de condensation de la seconde, de la troisième chaudière, qui n'est autre que la vapeur condensée du jus de canne, s'écoule dans un tuyau spécial, muni d'embranchements et de valves régulatrices pour aller dans la petite pompe à air u, laquelle la refoule dans un réservoir d'où elle se distribue pour divers usages, excepté pour l'alimentation des générateurs, attendu ses propriétés corrosives.

DESCRIPTION DE L'APPAREIL A TROIS CHAUDIÈRES
(THREE PAN APPARATUS).

Dans l'appareil à trois chaudières, le jus de canne est pompé dans la première chaudière A ; de là il passe dans la troisième C ; la seconde, marquée B, est supprimée. De la chaudière C il passe à l'aide de la pompe dans les réchauffoirs, pour suivre après la même marche que dans l'appareil à quatre chaudières décrit plus haut.

La vapeur d'échappement, ainsi que la vapeur directe, s'introduit dans la première chaudière au moyen de la valve M dont il a été déjà mention, et la vapeur provenant du jus renfermé dans cette chaudière alimente la chaudière d'évaporation C et la troisième chaudière D, tandis que les vapeurs qui s'élèvent du sirop et du jus vont, comme dans l'autre appareil, se perdre dans le condenseur. L'eau de condensation de la seconde chaudière C et de la troisième D s'écoule également dans la pompe spéciale désignée sous le nom de petite pompe à air. Comme la plus grande partie de l'évaporation s'effectue au moyen de la vapeur d'échappement qui provient de la machine, le moulin à canne doit être tenu continuellement en action avec une vitesse uniforme et une alimentation régulière ; d'un autre côté, la puissance de la machine étant réglée par la différence de pression entre la vapeur des générateurs et la vapeur d'échappement, différence qu'on peut apprécier par le poids qui est placé sur le levier de la valve M, il en résulte, par conséquent, qu'en chargeant cette valve plus ou moins, la pression effective de la vapeur est déterminée de façon à ce que le moulin fournisse exactement la quantité de jus nécessaire à l'alimentation de l'appareil ; en sorte que les défécateurs, les filtres et le réservoir à jus sont constamment remplis. Le jus de canne coule du moulin dans les défécateurs, de là, dans les premiers filtres (Leaf-filters), puis dans les filtres à noir en grain dans la même proportion qu'il arrive des entrailles de la canne pour alimenter ensuite la première chaudière, puis la seconde ou la troisième jusqu'à ce qu'il atteigne la densité de 28° Beaumé environ ; une fois qu'il a atteint ce degré, il se décharge avec la même régularité à l'aide de la pompe pour passer de nouveau sur le noir en grain.

Cet appareil est facile à conduire ; la personne qui en est chargée n'a qu'à prendre soin de tenir le jus et le sirop à un niveau convenable dans la première et la seconde chaudières en s'arrangeant de manière à ce que le sirop n'atteigne pas une densité au delà de 29° dans la seconde ou la troisième chaudière ; il suffit pour cela de régler le robinet d'alimentation et de proportionner la pression de la vapeur à la quantité ou à la densité du jus à évaporer.

L'eau de condensation des défécateurs ne retourne pas directement aux générateurs ; elle se rend dans le réservoir à vapeur de la première chaudière ; le tuyau qui sert à la conduire est muni d'un robinet à trois orifices, afin que dans le cas où l'évaporation est suspendue momentanément on puisse opérer les retours directement à la pompe alimentaire sans arrêter pour cela les défécateurs. Comme on le voit aisément, les retours des défécateurs se mêlent à l'échappement des machines, en sorte qu'il n'y a pas un atôme de vapeur perdu. C'est ainsi que dans l'appareil Rillieux on arrive à réaliser une si grande économie de combustible. L'emploi de la chaleur latente, d'un autre côté, est porté à un degré de perfection inconnu jusqu'à ce jour.

OBSERVATIONS DIVERSES SUR L'APPAREIL RILLIEUX.

Il peut arriver que le jus de canne manque ou que l'évaporation soit très-rapide ; dans ce cas il faut arrêter la marche des deux premières chaudières en fermant toutes les valves et en supprimant la vapeur ; mais pour ne pas perdre le bénéfice de l'échappement des machines, on dirige cette vapeur tout entière sur la chaudière à cuire, ce qui accélère singulièrement l'évaporation du sirop : il ne faut plus alors que deux heures au lieu de quatre pour opérer une cuite.

Les valves par lesquelles s'opère le retour des eaux condensées provenant de la vapeur du jus de canne demandent beaucoup d'attention. Si on ne les règle pas avec soin, il peut arriver que la vapeur, vu sa faible tension, passe tout entière dans une des chaudières, au préjudice de l'autre, qui peut se trouver ainsi complétement arrêtée dans sa marche; c'est par la pratique qu'on arrive à déterminer la grandeur de leurs orifices.

Il arrive fréquemment que la boîte à vapeur sur laquelle reposent les colonnes se remplit d'eau de condensation et que la vapeur du jus de canne ne peut plus circuler; il faut, pour éviter cet inconvénient, avoir soin de purger plusieurs fois par jour, surtout après un moment d'arrêt. Quelquefois on trouve du sucre dans cette boîte; c'est que le cuiseur a laissé monter son jus ou a trop chargé sa chaudière; au lieu de s'en rapporter à sa prévoyance, il serait beaucoup mieux d'avoir un vase de sûreté. C'est une amélioration que réclame l'appareil Rillieux, et que son inventeur ne négligera pas d'apporter, nous en sommes sûrs.

La première chaudière de l'appareil Rillieux peut être considérée comme le générateur des deux autres; il arrive par conséquent, comme dans tout générateur, que la pression est variable, et que selon la densité du jus de canne ou la vapeur d'échappement, elle est plus ou moins forte; il y a quelquefois 1/8 ou 1/10 d'atmosphère de pression dans la première chaudière, comme quelquefois il y a vide. Pour éviter que la pression soit trop forte, la première chaudière est munie d'une valve à ressort qui s'ouvre d'elle-même et avertit le cuiseur à l'instant même, aussitôt qu'un excès de pression se manifeste. La même valve sert à détruire le vide dans la chaudière. Les deux ou trois autres chaudières possèdent une valve semblable, laquelle est placée sur le devant, à portée de la main du cuiseur.

Le sirop ne doit jamais être concentré au-dessus de 28 à 29° Beaumé, non-seulement parce que c'est le degré le plus propre à la filtration sur le noir en grain, mais surtout parce qu'à ce degré la quantité d'eau à évaporer dans ce sirop n'est plus assez grande pour absorber toute la vapeur qui s'élève du jus de canne; dans ce cas une légère pression se manifeste dans la première chaudière qui avertit le cuiseur que la chaudière à sirop réclame de nouveau jus.

M. Rillieux a cru devoir adapter deux petits réchauffoirs, destinés à porter le sirop au point d'ébullition à la sortie de la seconde chaudière et à l'écumer avant de le faire passer dans les filtres; l'expérience m'a convaincu qu'il s'était trompé sur ce point. Cette opération colore le sirop, et l'avantage qui résulte de l'écumage n'est pas une compensation suffisante du premier inconvénient. Ces deux réchauffoirs ne figurent pas sur le plan; on remarquera que l'opération dont nous parlons se fait dans deux défécateurs, ce qui ne convient en aucune façon. Il vaudrait beaucoup mieux remplacer l'opération de l'écumage par une clarification complète, ainsi que cela se pratique dans les sucreries de betterave, mais cette opération n'est pas toujours possible dans les plantations de la Louisiane. On fait ce qu'on peut dans ce pays, encore primitif sur un si grand nombre de points, et, relativement, on a fait beaucoup, vu les circonstances défavorables et la rareté des hommes spéciaux.

Il faut ordinairement quatre heures pour faire une cuite; si le jus de canne pèse de 8 à 9°, la chaudière marche continuellement ; si le jus est plus faible, elle est moins occupée, et l'on en profite pour cuire les sirops provenant du sucre de premier jet, sirops avec lesquels, grâce à cet appareil, on obtient un sucre de second jet peu différent du premier quant à la couleur. J'ai travaillé ces sirops et je n'ai jamais obtenu plus de 30 0/0 en sirop vert, susceptible de fournir encore un troisième sucre.

L'appareil Rillieux se prête admirablement à la *cuite au grain*, et les résultats qu'on obtient à l'aide de cet appareil sont des plus remarquables. C'est avec l'appareil Rillieux qu'on fait de premier jet ces beaux sucres en grain à larges cristaux, à facettes brillantes, qui font l'admiration de tous ceux qui visitent les sucreries de la Louisiane. Depuis quelques années le système de la cuite au grain s'est généralement répandu. Les planteurs ont adopté, pour en tirer le meilleur parti, un mode de *drainage* ou purgation, qui vaut bien les centrifuges, et donne beaucoup moins de peine : cela s'appelle des *tigers* ou tigres. On se sert du vide pour faciliter l'écoulement du sirop vert et de la clairce. En grainant dans l'appareil un sirop suffisamment décoloré, on obtient, à l'aide d'une seule clairce, des sucres en grain parfaitement blancs qu'on peut livrer à l'acheteur vingt-quatre heures après que le jus est sorti de la canne. C'est là un beau résultat pour un pays neuf.

On se sert dans l'appareil Rillieux d'une sonde (proof-stick) remarquable par sa simplicité : c'est une simple douille dans un ajutage légèrement conique, qui ne s'engage jamais et qui présente sur la nôtre, surtout pour la cuite au grain, des avantages incontestables. Il serait à désirer que tous nos appareils à cuire fussent munis de sondes semblables.

L'appareil Rillieux est tout en tôle, ce n'est pas d'un grand inconvénient, attendu qu'il marche continuellement et qu'il n'a pas le temps de s'oxyder. Chaque chaudière au reste est munie d'un robinet dégraisseur qui permet d'y injecter de la vapeur en cas de besoin.

L'appareil Rillieux est maintenant en usage sur les plantations de MM. White et Trufan, M. Lesseps, MM. Murphy et Gardanne, MM. Chauvin et Levois, M. Camille Zeringue, M. Théodore Packwood, MM. Benjamin et Packwood, MM. Armant et frères, M. Kee, M. W. H. Barrow, M. B. H. Barrow, M. R. Barrow, M. Winchester, M. Janin, M. Lambeth, et beaucoup d'autres dont j'ai oublié les noms. Il en existe plusieurs dans l'île de Cuba et au Mexique ; le nombre en augmente chaque année.

L'appareil Rillieux augmente notablement la quantité et la qualité des produits.

Voici à l'appui un fait qu'il m'a été donné personnellement de constater.

Un planteur travaille sa récolte à l'ancien équipage et obtient les résultats suivants :

600,000 livres de sucre à 3 sous la livre. . . . . . . 18,000 dollars
60,000 gallons de mélasse à 20 sous le gallon. . . . 12,000
_____
30,000 dollars

L'année suivante, après avoir adopté l'appareil Rillieux et travaillé la même quantité de cannes, il obtient :

960,000 livres de sucre qu'il vend un peu plus de 5 sous 1/2 la livre. . . . . 56,000 dollars

20,000 gallons de mélasse à 20 sous le gallon. . . . 4,000

60,000 dollars

Différence à son avantage, 30,000 dollars, sans compter l'économie du combustible, qui fut de 15 à 1800 cordes sur toute la récolte.

Par la concentration du jus à air libre les planteurs qui ont conservé l'ancien équipage dépensent 3 à 4 cordes de bois pour un boucaut de sucre, tandis que l'appareil Rillieux en dépense seulement 2/3 de corde, c'est-à-dire moitié moins que l'appareil Degrand qui, en Louisiane, consomme de 1/2 à 1 corde 3/4 pour la même quantité. C'est, au reste, un fait bien constaté, qu'avec l'appareil Rillieux, un planteur peut amortir dans une année, si la récolte est bonne, tout le capital engagé dans sa machinerie.

CULTURE DE LA CANNE A SUCRE EN LOUISIANE.

Les détails que nous avons donnés précédemment sur la culture de la canne et la fabrication du sucre en Louisiane, sont, nous croyons, suffisants pour avoir donné à nos lecteurs une idée de cette grande industrie, à la fois manufacturière et agricole. Nous avons appelé l'attention sur l'avenir qui lui est réservé dans le sud des États-Unis. N'est-ce pas, en effet, une chose digne d'attention que cet immense développement de la culture d'une plante dans une région qui fut longtemps réputée trop froide pour elle, et où, en effet, elle ne fleurit jamais?

Les États-Unis importent tous les ans 60 à 70 millions de kilog. de sucre des Antilles et du Brésil, la production de la Louisiane ne pouvant suffire encore à l'énorme consommation que les Américains font de cette denrée. Le sucre, par conséquent, n'est pas près, aux États-Unis, de devenir un objet d'exportation, et c'est tout au plus si, d'ici à bon nombre d'années, le fabricant pourra atteindre les besoins du consommateur. Ne dépendant d'aucune éventualité politique ou commerciale, rien n'arrête le développement de son industrie; elle s'avance au nord et au sud, s'éloigne et se rapproche des tropiques à la fois. La canne à sucre commence à se répandre en Floride, dont le climat est plus doux que celui de la Louisiane, et déjà on la cultive sur une assez grande échelle dans l'État du Texas.

En résumé, la région de culture de la canne à sucre aux États-Unis, s'étend aujourd'hui du 25e au 31e degré de latitude nord, c'est-à-dire de la pointe de la Floride à l'embouchure de la rivière Rouge, et comprend une partie du Texas, de la Louisiane, du Mississipi, de l'Alabama, de la Georgie et toute la Floride. C'est plus qu'il n'en faut pour suffire à la consommation du monde.

ANATOMIE DE LA CANNE A SUCRE (1).

(PLANCHES 55 A 62.)

La canne à sucre appartient à la famille des graminées.

La tige des graminées affecte deux formes dans sa structure interne. Dans la première variété (fig. 1, *a*) la tige est creuse et les faisceaux vasculaires forment un anneau plus ou moins régulier ; dans la seconde tout l'intérieur est formé d'une masse compacte ou moelle. C'est à cette classe de graminées qu'appartient la canne à sucre.

Dans toutes les variétés de la canne à sucre, la tige affecte la forme d'un cylindre plus ou moins régulier, lequel est divisé par des nœuds formant, depuis la racine jusqu'aux bourgeons supérieurs, une série d'entre-nœuds de différentes longueurs qui présentent dans leur construction anatomique respective une parfaite similitude. Les entre-nœuds qui reposent dans la terre et qui sont pourvus de racines sont plus courts que les autres, mais leur construction intérieure est semblable (fig. 29, *a*).

La tige consiste de trois parties distinctes.

Les nœuds (fig. 6, *d*, *c*, *b*, *e*) prennent naissance à la base de chaque rejeton et forment un bord saillant quelque peu en spirale qui entoure comme une bague cette partie de la tige où s'engaînent les feuilles. Lorsque la canne mûrit, les feuilles se projètent à une certaine distance, retombant vers le sol tout autour de la tige. Au-dessous de cet anneau, qui constitue le nœud, on trouve trois ou quatre rangées d'espèces de lenticelles placées entre des nervures légèrement arquées qui servent à la germination et à la reproduction de la canne. Sur une des parties latérales de ces lenticelles sont situés les yeux ou boutons de la canne ; de ces boutons sortent les nouvelles cannes ; cette partie précieuse de la plante, pendant toute la durée de la végétation, est couverte et protégée par une couche de feuilles. Ces yeux sont comme incrustés dans la partie inférieure de chaque joint.

Les entre-nœuds forment une sorte de cylindre dont la surface transparente laisse voir des couches parallèles de fibres. Si un de ces entre-nœuds est coupé horizontalement en deux, et qu'on examine la surface de l'une des deux sections avec un verre grossissant, on peut découvrir trois parties distinctes dans la canne (fig. 1) : l'écorce *a*, *d* ; les faisceaux vasculaires *f*, *g*, *h*, et la moelle ou tissu cellulaire *c*, *c*.

Si l'on examine l'écorce à l'aide du microscope, on trouve qu'elle se compose de quatre couches différentes : 1° une peau extérieure très-mince et transparente qui ne présente aucune particularité organique (fig. 5) ; 2° une rangée de cellules à côtés épais *b* ; 3° trois ou quatre rangées d'autres cellules tout à fait transparentes, pourvues latéralement d'un grand nombre de pores ; enfin, une dernière rangée de cellules plus ou moins ovales, à

(1) Ces observations anatomiques sur la canne à sucre, publiées dans le *Patent office report* de 1848, ont été faites par M. Corda ; nous nous contentons de les traduire.

mince enveloppe, qui contiennent la matière colorante ou chlorophile, de forme globulaire, qui constitue la couleur de la canne.

Lorsque l'on examine l'enveloppe extérieure de l'écorce dans une section longitudinale de la canne (fig. 4), on observe que les cellules ont la forme de parallélogrammes (fig. 4 et 5), et que les côtés *s, s* des cellules (fig. 4, *t*) sont munis de nombreux pores. Entre ces pores nous trouvons des cavités ou autres pores de forme quelque peu oblongue *rr*, qui sont les organes destinés aux fonctions respiratoires de la plante. Nous n'avons pas besoin de faire remarquer l'importance de ces organes et le rôle que joue l'air dans la végétation de la plante. La quatrième couche qui constitue l'écorce (fig. 1, *a, b, c, d*) forme un cercle parfait qui couvre toute la surface de la canne et se trouve pourvue seulement de trois différents orifices ; le plus large mettant en communication le tissu cellulaire avec le nœud vital ; le second, c'est-à-dire le plus petit, donnant passage aux faisceaux vasculaires qui forment la nervure des feuilles ; le troisième orifice est la série de petits canaux qui se trouvent sous la surface intérieure de la couche de feuilles, et à travers lesquels le tissu ligneux s'étend aux racines ou particules germinales.

Tout l'intérieur de la canne circonscrit dans l'écorce consiste de deux différentes sortes de structure, c'est-à-dire de larges cellules d'un tissu blanc et délicat ou tissu cellulaire (fig. 1, 2 et 3, *e, e, e*). Si l'on examine la section horizontale on découvre une autre structure qui consiste en faisceaux de petits vaisseaux circulaires d'une assez forte consistance s'étendant autour et à travers tout le tissu cellulaire.

Ces vaisseaux se distinguent par leur structure de tous les autres vaisseaux de la canne à sucre ; on y découvre par leur examen trois organes différents : les organes respiratoires ; les vaisseaux qui renferment la sève ; les vaisseaux vasculaires. Les deux premiers organes sont parfaitement entourés et protégés par la dernière substance. Ils naissent sous la surface de l'intérieur de la couche de feuilles, sur la partie de la tige où se développe la racine, se dirigent à travers les entre-nœuds et tendent graduellement vers le milieu de la tige jusqu'à ce qu'ils en aient atteint le centre, d'où ils s'élancent en nervures légèrement arquées vers la souche des feuilles pour se dérouler en spirales à la surface de celles-ci, que par une série de structures semblables ils parviennent ainsi à constituer. On peut remarquer, par l'examen d'une section longitudinale de la canne, préalablement dépouillée de son écorce, que les faisceaux vasculaires constituent un réseau complet qui enveloppe la tige entière en formant des couches plus ou moins parallèles.

Lorsque ces faisceaux vasculaires sont dans un plein développement (fig. 1, section 2), on trouve que les cellules, considérées dans une section horizontale, sont quelque peu ovoïdes, et que la couche extérieure qui les enveloppe est formée de cellules ligneuses. Là dedans sont les organes de la respiration *g, h*, et immédiatement au-dessus, les vaisseaux *i* qui renferment la séve. Mais si l'on examine la plante du milieu de la tige (fig. 2), on trouve les mêmes organes dans la même position, mais avec des cellules ligneuses d'un moindre développement. Les cellules ligneuses (fig. 2, *m*, *n*,) entourent toutes les autres, et ont différentes couches d'un tissu cellulaire épais, qu'on aperçoit dans la section longitudinale (fig. 3, *m*, *n*,) comme des cellules allongées dont les côtés sont pourvus de pores très-délicats ; dans le centre de ces cellules ligneuses sont de grands tubes (fig. 2 et 3, *h*, *h*,) de forme cylindrique dont les parois contiennent plusieurs de ces pores qui affectent la forme d'une spirale (fig. 3, *n*).

Entre ces deux larges vaisseaux, on en rencontre trois ou quatre plus petits (fig. 2, *i*, *i*, *i*, *i*,) dont les côtés sont ou poreux ou consistent en un simple fil en spirale. (fig. 3, *i*, *k*.) Ceux qui ont des côtés poreux ont très-souvent dans leurs ouvertures des bagues (fig. 3, *p*, *p*,) qui servent à maintenir les côtés, lesquels, comme on peut le voir par leur courbure intérieure (fig. 3, *q*), sont très-flasques, ce qui prouve que les faisceaux vasculaires de la canne à sucre affectent exactement la même construction que dans tous les monocotylédons.

La moelle (fig. 1, 2, 3, *e*, *e*, *e*,) qui remplit tout l'espace entre l'écorce et les faisceaux vasculaires, consiste en un long tissu transparent dont chaque cellule affecte la forme d'un dodécaèdre, et, par conséquent, ressemble toujours, dans la section transversale, à un hexagone. Chacune de ces cellules se compose de deux différents corps. (*a*) l'embryon de chaque cellule ; c'est un globule sphéroïdal (fig. 3, *o*, *o*,) qui paraît généralement attaché à un des côtés d'une cellule, et est tout à fait transparent. Il contient dans le milieu un autre globule encore plus petit et plus transparent, qui est le véritable embryon, et qui se dissout plus ou moins quand la plante a atteint son développement ou sa maturité. (*b*) Les alvéoles (fig. 3, 4, *c*, *e*,) sont formées de couches transparentes, qui sont perforées sur un grand nombre de points, et forment ainsi des pores très-minimes. Chaque pore d'une alvéole ou cellule correspond avec le pore de la cellule adjacente. C'est à travers ces pores que, par l'action des forces organiques qui entretiennent la vie dans les plantes, la séve passe d'une cellule à l'autre, et remplit la canne tout entière. C'est cette séve qui contient le sucre en dissolution avec un mélange de sels, d'albumine, de gluten, etc.

DIFFÉRENTES VARIÉTÉS DE CANNES A SUCRE (1).

Les planteurs de la Louisiane cultivent cinq différentes variétés de cannes : la canne de Bourbon, la canne à ruban vert, la canne à ruban rouge, la canne d'Otaïti, la canne créole.

La canne représentée par la figure 6 est cultivée sur une très-grande échelle. Sur quelques plantations elle est la seule qu'on y cultive ; son

(1) *Patent office report.*

écorce siliceuse la garantit contre le froid, tandis que la couleur pourpre qui lui est propre facilite l'absorption de la chaleur solaire, et accélère ainsi sa maturité. C'est une bonne espèce de canne qui se reproduit bien, et donne d'excellent sucre. Ses yeux sont larges (fig. 7 et 8); ils ressemblent à ceux de la canne à ruban rouge et quelque peu à ceux de la canne créole (fig. 13 et 19); elle ne craint pas l'influence d'une légère gelée.

On dit que si la canne à ruban rouge est plantée dans une terre neuve et riche, elle perd ses bandes et devient entièrement pourpre; mais que si la même canne est plantée dans une terre sèche et cultivée depuis quelque temps, le ruban reparaît de nouveau. D'autres personnes pensent que quand les yeux de la canne à ruban rouge sont situés sur la bande pourpre, la canne qui en provient est entièrement pourpre. Cette variété de canne, dans ses feuilles et son ensemble, ressemble à celle qui est représentée par la figure 22.

La canne à ruban vert (fig. 9) est sans aucun doute une espèce différente, non-seulement à cause de sa couleur jaune-clair et les bandes d'un vert délicat auxquelles elle doit son nom, mais également à cause de la différence dans sa forme et dans la manière dont se forme le bouton (fig. 10 et 11), lequel est petit, allongé et délicat de structure, ressemblant pas mal à celui de la canne d'Otaïti (fig. 16 et 17). Son écorce est moins forte que celle de la canne de Bourbon; elle est par conséquent plus facilement affectée par le froid que la première espèce, mais elle donne de bons rendements en sucre.

Après la canne de Bourbon, la plus généralement cultivée en Louisiane, est la canne à ruban rouge. C'est une très-belle canne, dont les bandes pourpres ont jusqu'à un pouce de largeur; elle possède, ainsi que la canne de Bourbon, une enveloppe siliceuse, qui la rend capable de supporter de légères gelées. Les boutons de cette canne (fig. 13 et 14) ressemblent en forme et en dimension à ceux de la canne de Bourbon, et sont moins affectés par les rigueurs de la saison d'hiver que ceux de la canne à ruban rouge d'Otaïti ou de la canne créole. Cette variété de canne se reproduit aisément, et fournit un jus riche en matière saccharine.

La canne d'Otaïti (fig. 15) a des entre-nœuds très-longs, mais atteint une moins grande élévation que les autres espèces; le bouton (fig. 16 et 17) est plus délicat, l'écorce moins épaisse; elle se reproduit moins bien; elle est plus facilement affectée par le froid; c'est pourquoi cette espèce est peu cultivée, bien qu'elle soit riche en matière saccharine.

La canne créole (fig. 18) était autrefois très-répandue en Louisiane, mais la canne de Bourbon et la canne à ruban rouge étant plus vivaces et d'une meilleure constitution, l'ont fait disparaître presque entièrement de la grande culture. Son écorce s'écrase facilement; elle donne un jus très-riche et d'un goût délicieux, qui fournit un sucre réellement supérieur. Ses boutons (fig. 19 et 20) sont assez petits, mais cependant plus grands que ceux de la canne à ruban vert ou la canne d'Otaïti; ils se rapportent pour la conformation à ceux de la canne de Bourbon et à ruban rouge. On recommence à cultiver cette variété de canne dans la paroisse de Plaquemines sur une assez grande échelle. Elle n'atteint pas une grande élévation ; ses feuilles s'élancent en droite ligne (fig. 23), au lieu de retomber sur elles-mêmes, comme celles de la canne de Bourbon ou à ruban rouge.

La canne à sucre ne fleurit jamais en Louisiane ; elle ne présente pas non plus ce jet lisse, sans nœud, très-long, qui porte le nom de *flèche*. La figure 24 représente une flèche de canne rapportée des Antilles; elle a environ un pied et demi de longueur, et porte des fleurs soyeuses et blanchâtres qui contiennent la graine. La figure 25 représente une de ces graines dans sa maturité.

La fig. 29 représente un champ de cannes à sucre rendu d'après nature.

La fig. 26, la manière de planter les cannes. (Voir le texte.)

Les fig. 27 et 28, la manière dont la canne à sucre se reproduit. (*Dito.*)

EMPLOI DU NOIR EN GRAIN

DANS LES FABRIQUES DE SUCRE EN LOUISIANE.

Le noir en grain est employé en Louisiane par tous les planteurs qui possèdent un appareil à cuire dans le vide d'un système quelconque. Les filtres dont ils se servent ont été copiés sur les nôtres. Le noir est fabriqué dans le nord ou dans l'ouest, et coûte à peu près le même prix qu'en France. Il est revivifié sur les plantations. On se sert généralement d'un cylindre tournant, sorte de moulin à café incliné sur son axe, plus propre à dessécher le noir qu'à le revivifier convenablement. On ne peut guère revivifier que pour un filtre dans l'espace de 24 heures, si le noir est mouillé, ce qui est toujours le cas, attendu qu'on n'en a pas assez pour le laisser fermenter. Un cylindre tournant ne brûle pas moins de deux cordes de bois en 24 heures pour opérer une revivification détestable.

J'ai introduit en 1849, dans la raffinerie et sucrerie de M. Janin, le premier appareil à revivifier le noir dans des cylindres verticaux qu'on ait vu en Louisiane; il s'en est monté depuis un certain nombre, et comme on obtient un bien meilleur noir avec trois fois moins de combustible, il est probable qu'on ne tardera pas à abandonner complétement l'ancien système.

Il serait à désirer qu'on remplaçât le noir animal par une autre substance. J'ai souvent remarqué qu'après avoir passé sur le noir, le sirop de canne perd cet arôme *sui generis* qui lui donne un goût si agréable. Ne pourrait-on trouver une substance qui, tout en enlevant au jus de canne sa matière colorante, lui laissât son arôme? J'avais cet espoir en essayant le procédé Melsens, mais j'ai obtenu comme tout le monde des résultats négatifs; je ne suis pas même parvenu à empêcher la fermentation que le bisulphite de chaux, disait-on, arrêtait instantanément.

La culture de la canne à sucre, s'opérant en Louisiane dans des conditions assez difficiles, le jus étant moins riche en matière saccharine, et contenant plus de sels et autres matières étrangères au sucre que celui qui provient de la canne cultivée dans les Antilles, l'emploi du noir en grain présente des avantages plus marqués qu'ailleurs; aussi les planteurs doivent-ils s'attacher à ne pas l'épargner. Il leur importe donc d'avoir de bons appareils de revivification.

DESCRIPTION D'UN NOUVEAU SYSTÈME DE FILTRE (LEAF-FILTERS).

On se sert, dans les sucreries de la Louisiane, ainsi que dans les raffineries du Nord, d'un nouveau système de filtre connu sous le nom de *Leaf-Filters*, ou filtres à feuilles. Ils ont été inventés par un raffineur des États-Unis. Leur emploi présente une économie de main-d'œuvre qui n'est point à dédaigner ; ils sont en outre d'un arrangement très-simple, et, pour nous servir de l'expression technique, faciles à armer.

Les *Leaf-Filters* consistent en une série de claies faites de baguettes en bois de sapin, formant une claire-voie rectangulaire qu'on entoure d'un tissu de coton, lequel est fixé sur cette claie d'une manière permanente et clos de toutes parts, excepté dans le milieu de la partie inférieure. En cet endroit, un trou d'environ un demi-centimètre est pratiqué dans le tissu et vient correspondre à une ouverture plus large pratiquée dans le cadre de la claie. Vingt-cinq ou trente de ces claies, disposées ainsi, se placent verticalement et parallèlement l'une à l'autre dans le filtre, qui n'est autre qu'un réservoir doublé en cuivre, et sont arrangées de façon à ce que les ouvertures se correspondent, formant ainsi un véritable tube par lequel le liquide filtré s'écoule. Un orifice semblable, pratiqué dans une des parois du filtre, donne passage dans un tuyau muni d'un robinet à deux eaux. En armant le filtre, il faut avoir soin de mettre la dernière claie sens dessus dessous ; cela fait, toutes les claies sont pressées à l'aide d'une vis qu'on fait agir extérieurement, et qui se rapproche de manière à empêcher le passage du liquide non filtré.

Comme ces claies renferment un grand volume d'air et qu'elles tendent à s'enlever aussitôt qu'elles sont baignées dans le liquide, il est nécessaire de les assujettir à l'aide de poids ou plutôt de quelques planches sur champ arc-boutées sur le plancher supérieur, ou maintenues par un moyen quelconque. Cette opération doit se faire avant de les soumettre à la pression de la vis. Le filtre ainsi préparé, il ne reste plus qu'à le couvrir et à le remplir de clairce ou de jus, car ce mode de filtration s'applique également au raffinage et à la fabrication, c'est-à-dire à des liquides d'une densité quelconque.

D'après cette description, on comprend que la filtration se fait du dehors au dedans, et que, les claies une fois couvertes de liquide, la partie filtrée qui a pénétré dans l'intérieur s'écoule par l'orifice inférieur ; comme toutes les claies sont en communication, un courant s'établit rapidement, lequel se ralentit seulement, ainsi que cela arrive dans tous les filtres, lorsque le tissu est trop imprégné de matières gommeuses ou de noir, si l'on s'en sert. Voici, dans ce cas, ce qu'il faut faire pour rendre au filtre sa puissance de filtration sans être obligé de le désarmer ou d'en prendre un autre.

Le tuyau d'écoulement du liquide filtré est muni d'un robinet de vapeur, lequel est placé en avant du robinet à deux orifices dont nous avons parlé plus haut; on ferme ce robinet et on introduit avec précaution un jet de vapeur; cette vapeur lave l'intérieur du tissu, le pénètre tout entier, dissout les matières gommeuses, chasse les matières étrangères qui se sont accumulées à l'extérieur, et lui rend ainsi, au bout de cinq minutes, sa puissance de filtration première. Pour que cette opération du lavage à la vapeur se fasse bien, il est nécessaire que préalablement on ait laissé le filtre se vider du liquide qu'il contenait, ce qui est l'affaire d'un quart-d'heure.

Un leaf-filter bien préparé et bien dirigé dure une journée. Après qu'il est épuisé, il faut procéder au désarmement, et rien n'est plus facile. On enlève les poids ou les planches qui maintiennent les claies, on desserre la vis qui les presse l'une contre l'autre, puis on les enlève pour les laver à l'eau chaude, à l'aide d'une espèce de balai ou plutôt d'une brosse. Rien de plus vite fait et de plus facile que cette opération, laquelle, comme on le voit, ne demande ni le temps ni la main-d'œuvre nécessaires pour exécuter le même travail dans les filtres ordinaires. Comme la vidange est un peu au-dessus du fond du filtre, on vide le résidu de la filtration et du nettoyage au moyen d'une soupape, laquelle correspond à un tuyau qui déverse dans un petit réservoir spécial ou bien dans les chaudières à clarifier ou les défécateurs.

Les leaf-filters sont remarquables par leur simplicité et l'économie de main-d'œuvre qu'ils présentent. On s'en sert dans toutes les raffineries de New-York, Philadelphie, Boston, Saint-Louis, ainsi que dans les nombreuses sucreries de la Louisiane.

IMPRIMÉ PAR J. CLAYE ET Cᵉ, RUE SAINT-BENOÎT, 7.

APPAREIL D'ÉVAPORATION

POUR LE SUCRE

Fig. 1

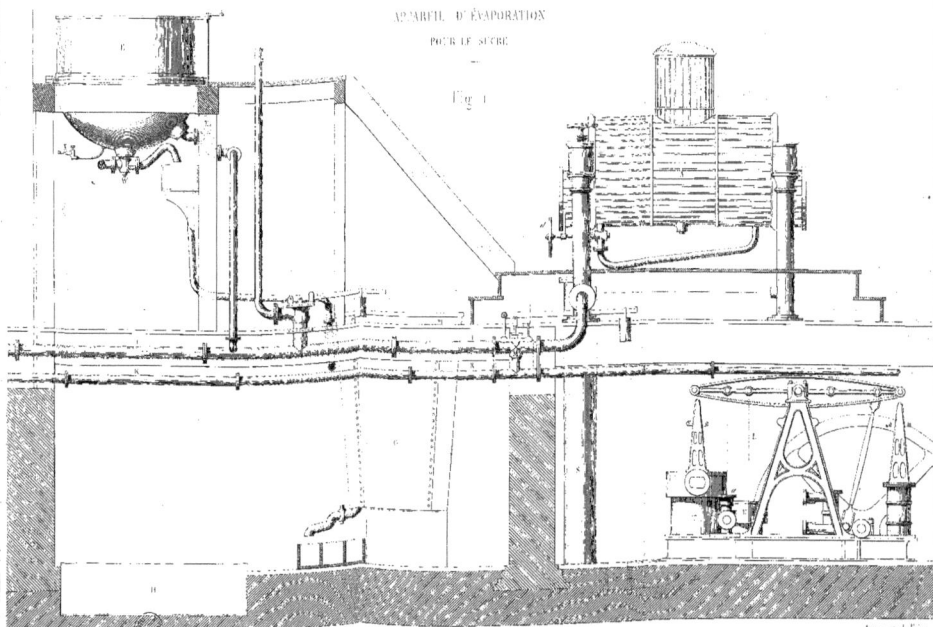

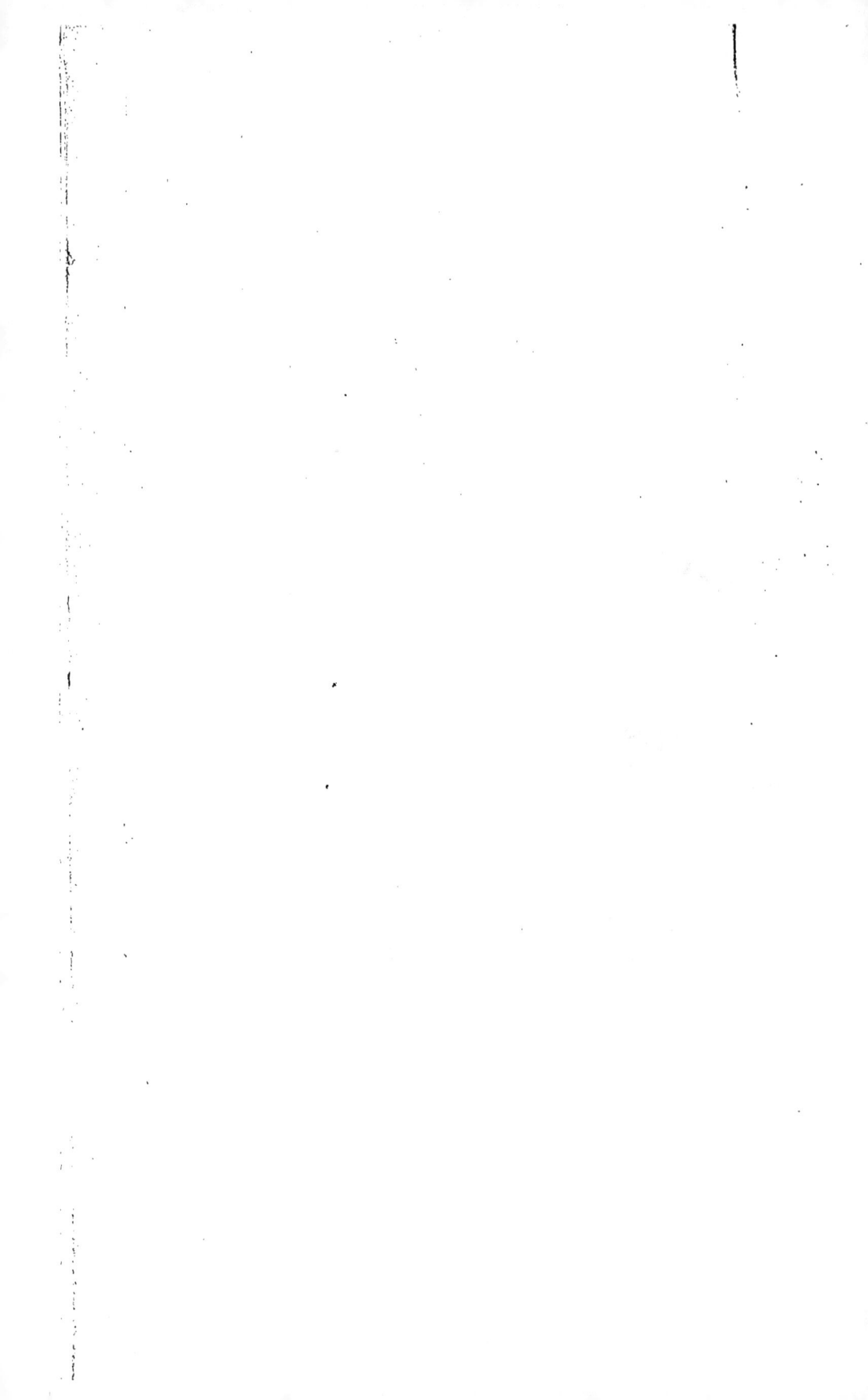

Pl. 48.

APPAREIL D'ÉVAPORATION
POUR LE SUCRE.

Fig. 2.

Fig. 3.

Fig. 4.

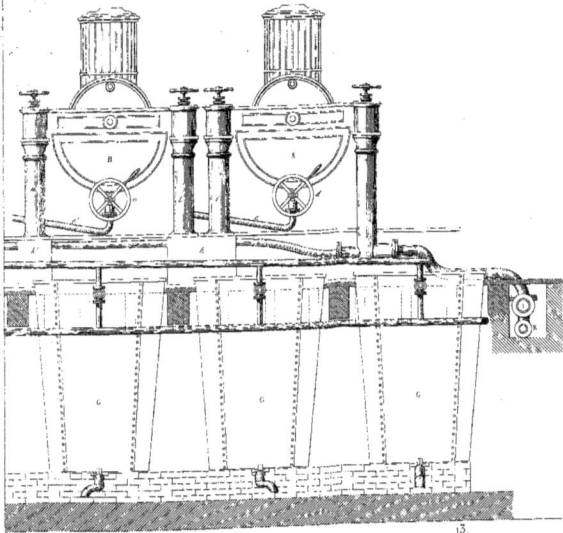

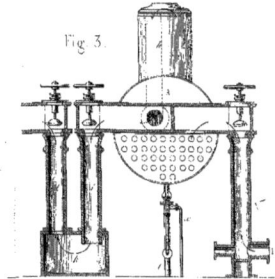

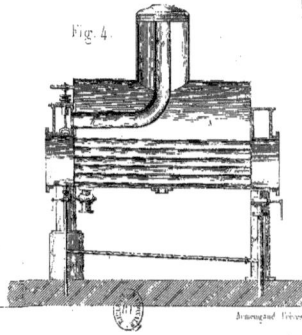

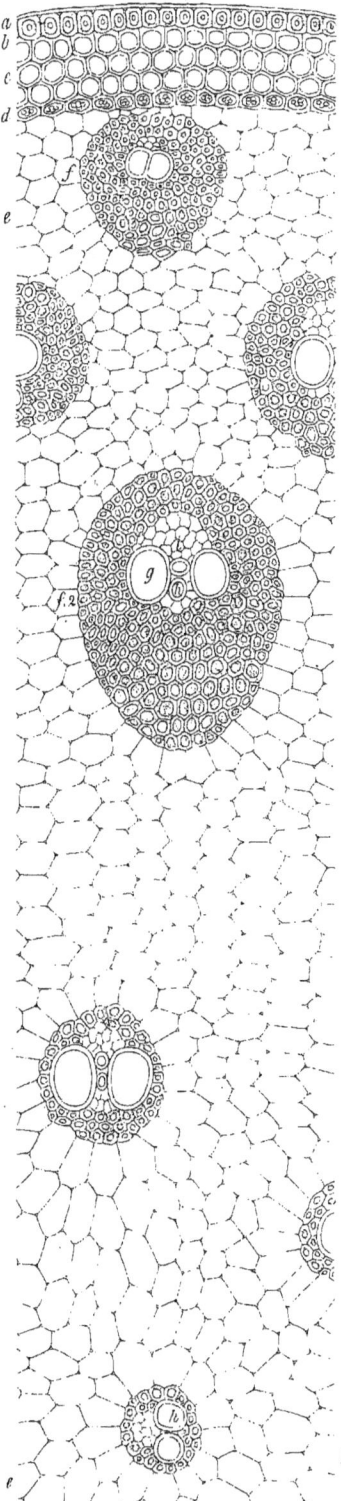

Fig. 1.

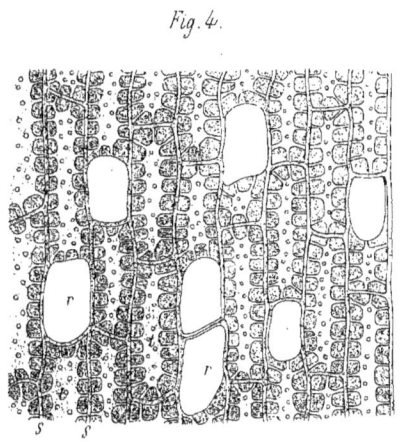

Fig. 4.

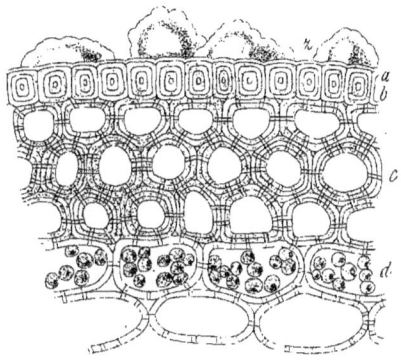

Fig. 5.

A. Riocreux lith. Armangaud Frères. Imp. lemercier Paris.

45

Fig. 2.

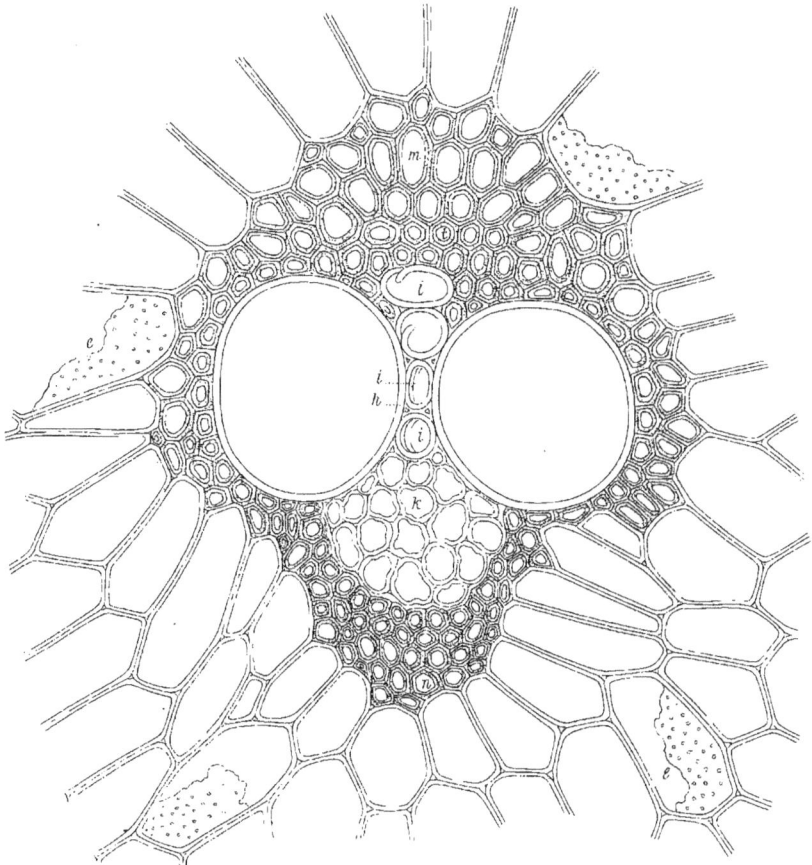

Fig. 3.

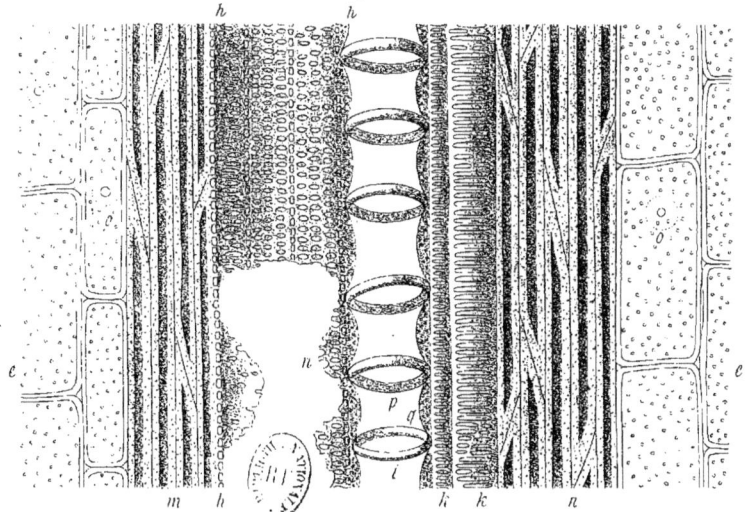

A. Roncrey, lith. Rouargaud Freres Imp. Bonamy, Paris

Fig. 6.

Fig. 9.

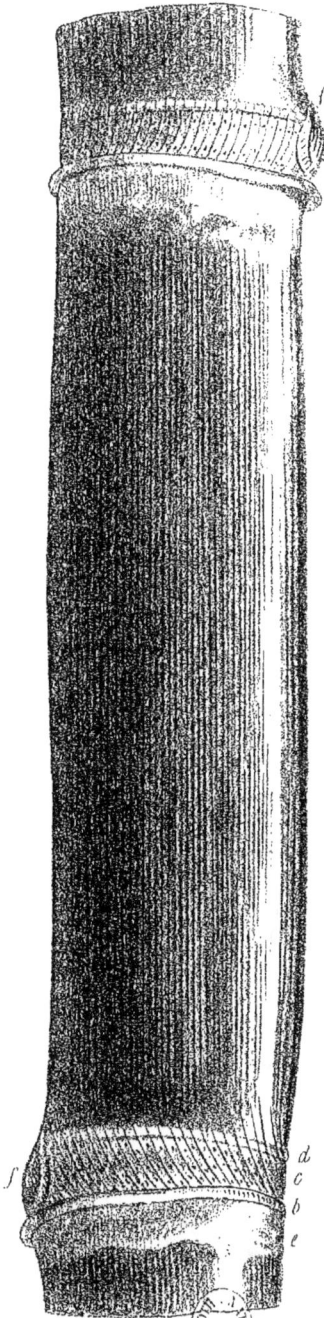

Fig. 7.

Fig. 8.

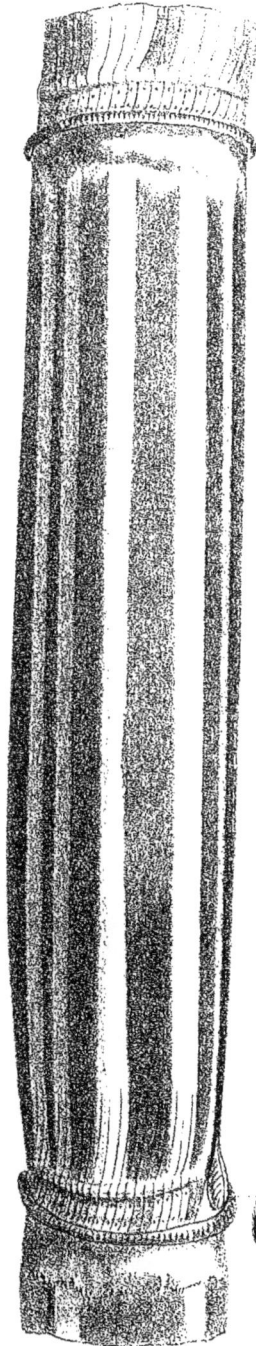

Fig.

10   *11*

Fig. 12.

Fig. 15.

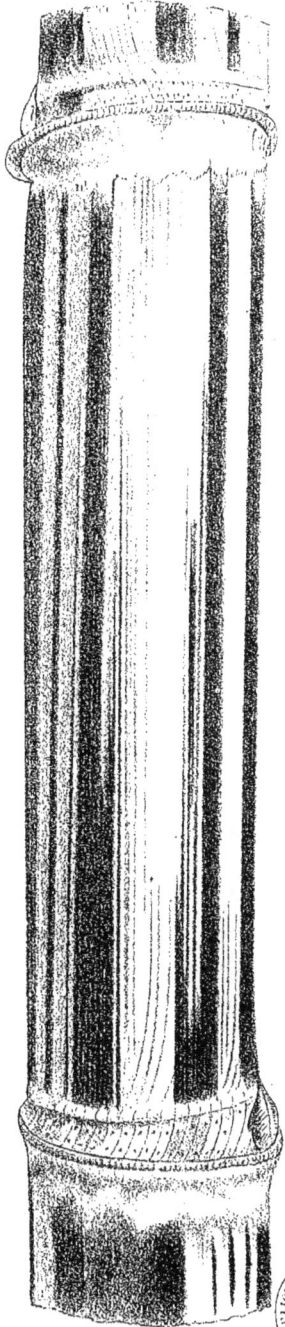

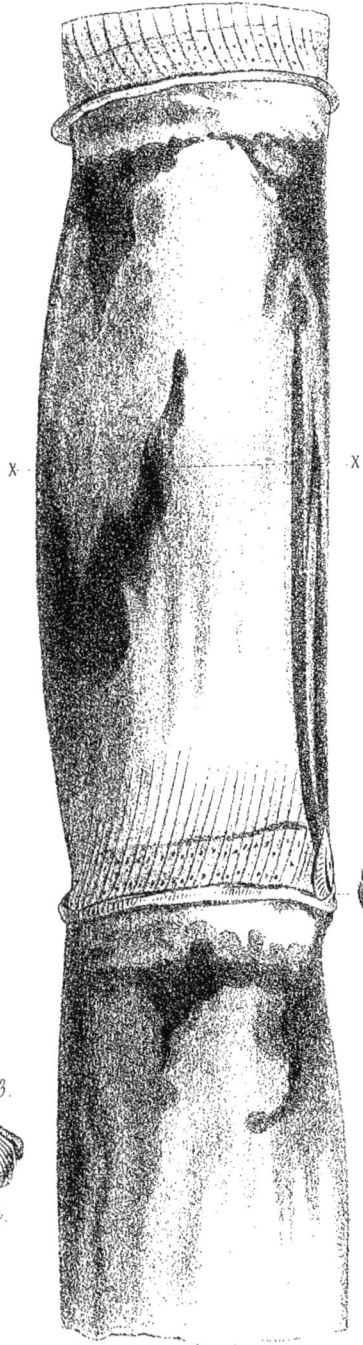

X   X

Fig. 13.

Fig.
16   *17*

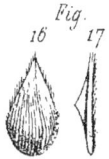

Fig. 14.

A.Boorcaux lith   armengaud frères   imp l. monrocq Paris

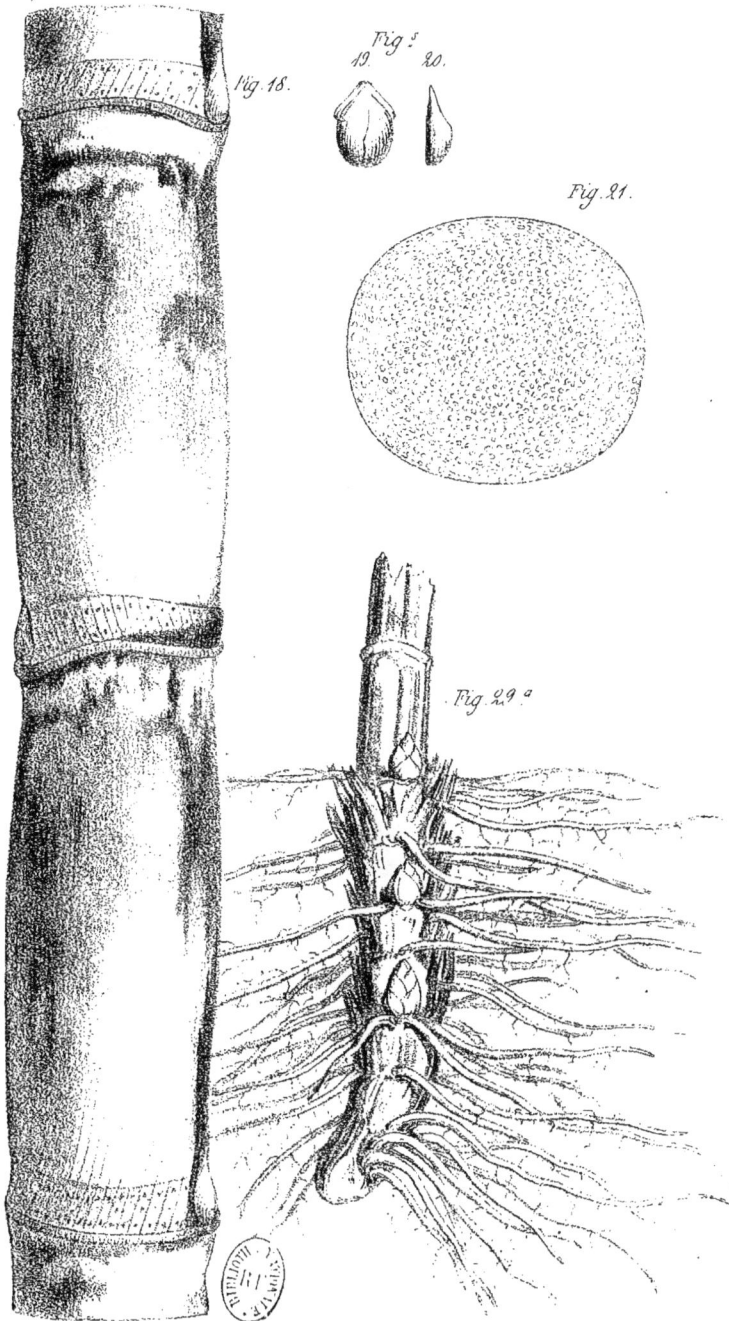

Fig. 18.

Fig⁵
19.   20.

Fig. 21.

Fig. 29.ᵃ

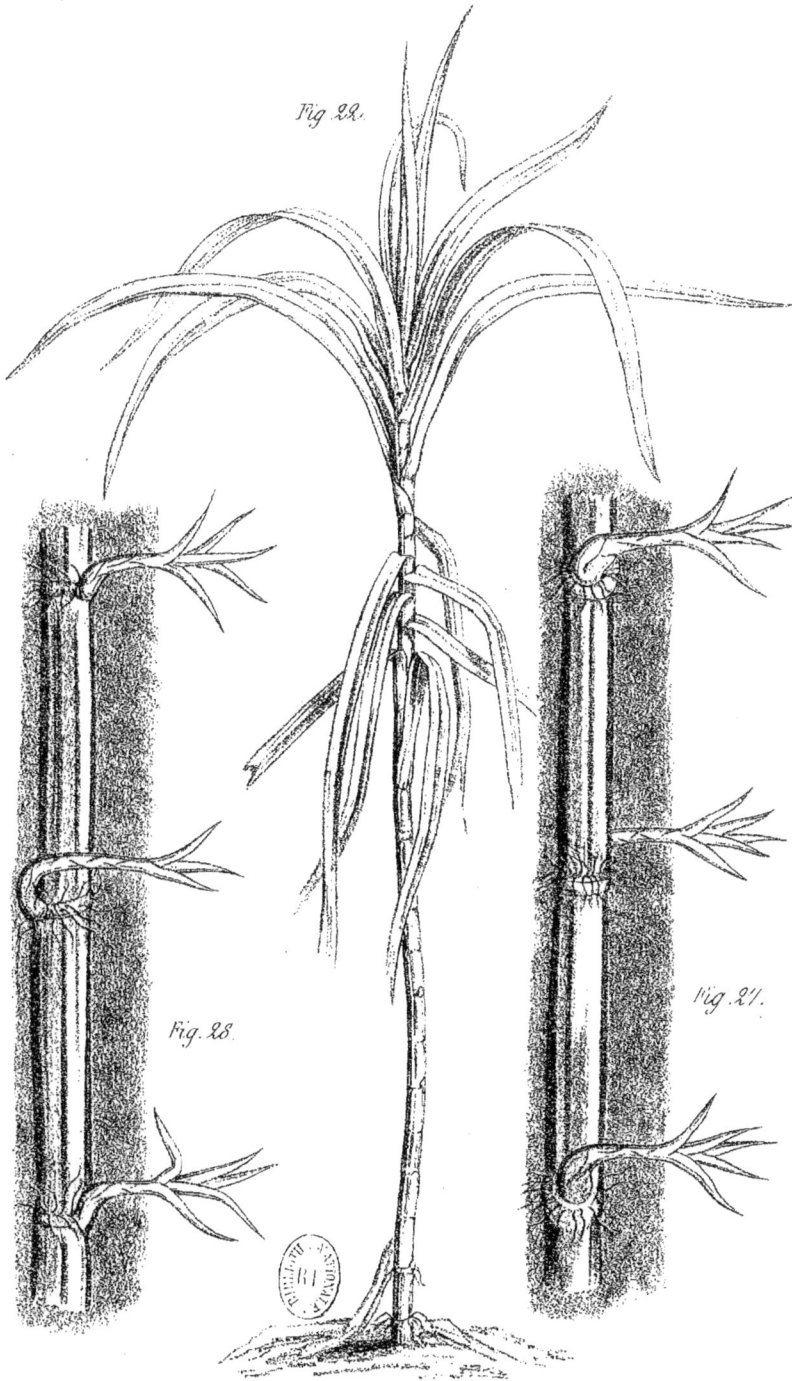

Fig. 22.

Fig. 23.

Fig. 24.

A. Ricordeau imp.   Armengaud Freres   Imp. Lemercier Paris

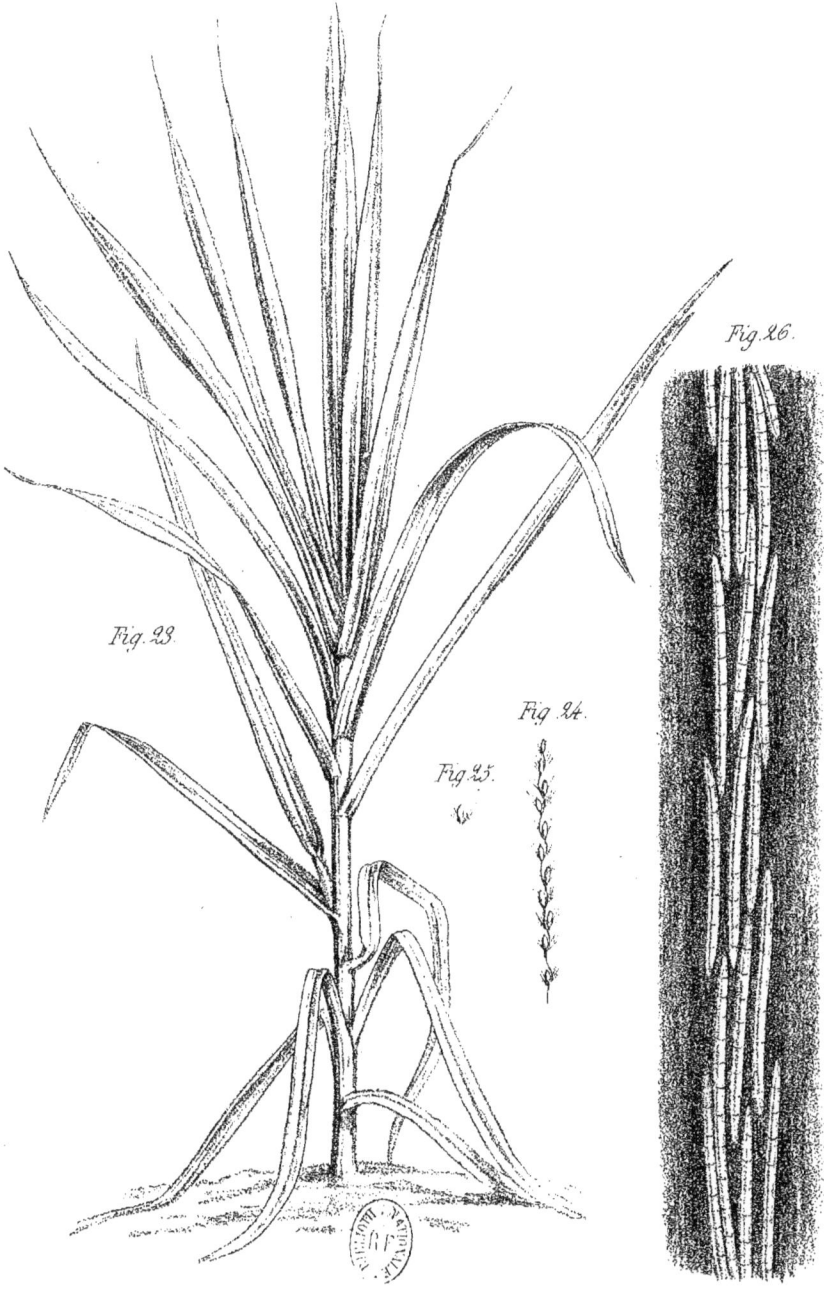

Fig. 23.

Fig. 24.

Fig. 25.

Fig. 26.

A. Riocreux Lith.   Armengaud Frères.   Imp. Lemercier, Paris

Fig. 89.

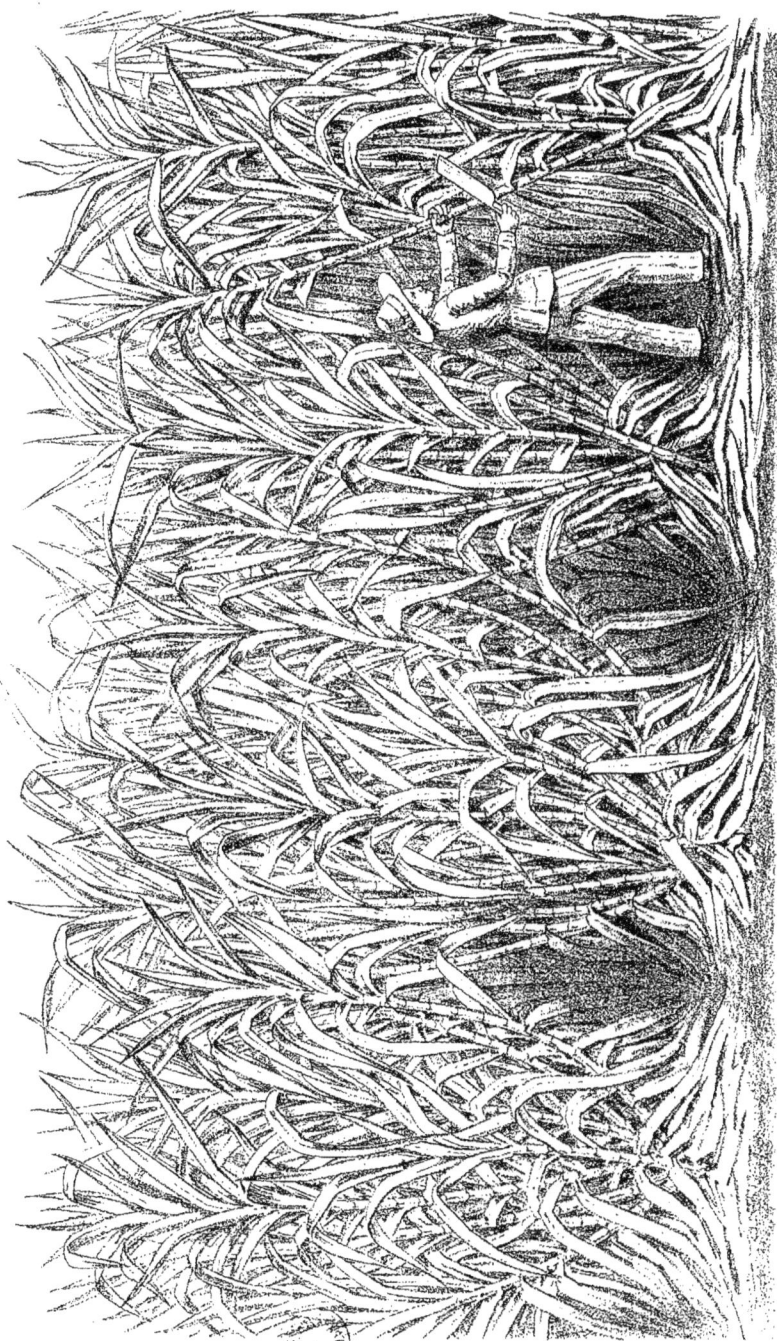

Imp. Lemercier à Paris

Armengaud Frères

16

B. DUREAU

Ingénieur

N° 13, RUE DE L'ÉCHIQUIER, A PARIS

BUREAU SPÉCIAL

Pour l'installation des Sucreries de Canne et de Betterave, Raffineries de Sucre, Appareils de carbonisation d'Os et de révivification de Noir, et tout ce qui concerne la fabrication et le raffinage du sucre. Renseignements complets sur le nouvel Appareil de concentration, dit *Rillieux*, ou à double et à triple effet; Consultations, Plans, Devis; Renseignements de toute sorte, tant sur l'installation des Appareils que sur la marche des opérations. Traduction en français des procédés nouveaux, concernant l'industrie du Sucre, publiés en Angleterre, aux États-Unis et en Allemagne. Correspondance avec les colonies et l'étranger.

PARIS. — IMPRIMÉ PAR J. CLAYE ET Cᵉ, RUE SAINT-BENOÎT, 7.

www.ingramcontent.com/pod-product-compliance
Lightning Source LLC
Chambersburg PA
CBHW070824210326
41520CB00011B/2104